SPASSBREMSE CHEF

Pragmatische Tipps zum souveräneren Umgang mit schwierigen Vorgesetzten

Katrin Seifarth

C.H.BECK

So nutzen Sie dieses Buch

Die folgenden Elemente erleichtern Ihnen die Orientierung im Buch:

Beispiele und Übungen

In diesem Buch finden Sie zahlreiche Beispiele und Übungen, die die geschilderten Sachverhalte veranschaulichen.

Die Merkkästen enthalten Empfehlungen und hilfreiche Tipps.

Auf den Punkt gebracht

Am Ende jedes Kapitels finden Sie eine kurze Zusammenfassung des behandelten Themas.

Inhalt

Einführung

Zahllose Bücher gibt es zum Thema Mitarbeiterführung. Fast täglich fragen Unternehmen oder Führungskräfte bei mir Coachings und Seminare zu diesem Thema an. Und nützt es etwas? Ich gebe zu: Bei vielen ja, denn sie wollen besser werden im Umgang mit ihren Mitarbeitern. Und dennoch muss ich drei Dinge konstatieren: 1. Manche haben mehr und manche haben weniger Gespür für Menschen. 2. Jede noch so gute Führungskraft wird nicht jedem Mitarbeiter gefallen, das ist auch gar nicht die primäre Aufgabe. Und 3. Viele Führungskräfte merken gar nicht, wenn sie nicht gut sind, und machen weiter wie bisher.

Laut einer Gallup Studie (vgl. Gallup Engagement Index 2016) aus dem Jahr 2016 fallen die Selbst- und die Fremdwahrnehmung der Führungskräfte stark auseinander. 69 Prozent der Arbeitnehmer hatten demnach mindestens ein Mal einen schlechten Vorgesetzten; 97 Prozent der Chefs halten sich selbst für gute Führungskräfte. Eine repräsentative Studie der Personalberatung Rochus Mummert (vgl. Rochus Mummert, Emotionale Führung am Arbeitsplatz, 2016) besagt sogar, dass zwei von drei Angestellten ihre Vorgesetzten für fachlich ungeeignet halten. Fast jeder Dritte hält seinen Vorgesetzten für charakterlich nicht qualifiziert.

Es wird also immer wieder das Phänomen geben, dass wir eine Aufgabe oder Position spannend finden, sie vielleicht sogar inhaltlich lieben, aber mit unserem Vorgesetzten kämpfen, ihn vielleicht als „schwierig" empfinden. Jetzt können wir natürlich mit der Aussage „Mein Chef ist unerträglich" die Firma verlassen, um wahrscheinlich im nächsten

Unternehmen irgendwann in derselben Falle zu landen. Warum behaupte ich das? Weil die Art und Weise, wie jemand auf mich wirkt, immer auch etwas mit mir selbst zu tun hat.

Wir haben ein Wunschbild vom Chef: Er soll klare Visionen vorgeben, uns den Rücken freihalten, ein offenes Ohr für uns haben, unsere Ängste und Nöte verstehen, auch mal eine klare Ansage machen, Entscheidungen treffen, priorisieren und dabei nach Möglichkeit keinen Druck nach unten an uns weitergeben. Er soll vor allem wertschätzend sein. Das ist so wie die langbeinige Schönheit mit viel Hirn, Herz und Humor und Idealmaßen oder der Typ Fitnesstrainer mit Sixpack, breiten Schultern, der nach außen tough ist und nur der Partnerin seinen weichen Kern zeigt. Let's get real! Alles der Führungskraft in die Schuhe zu schieben, das ist mir zu einfach. Ganz im Gegenteil: Die Wunsch-Führungskraft sieht für jeden Mitarbeiter anders aus. Und ja: Es gibt welche, die es können, und welche, die es vielleicht nie lernen, aber aus irgendwelchen Gründen an ihrem Sessel kleben.

Wenn man bedenkt, dass manche Menschen mehr Zeit mit dem Chef als mit dem Partner verbringen, wird es in meinen Augen höchste Zeit, vor der eigenen Haustür zu kehren, das eigene Verhalten und die eigenen Überzeugungen gegenüber der Führungskraft zu überdenken und somit einen eigenen Beitrag zum Gelingen dieser Beziehung zu leisten. Denn perfekt ist weder der Partner noch der Chef. Wie in einer Partnerschaft gibt es auch in der Chef-Beziehung schwierige Phasen, und bevor ich nicht alles versucht habe, gehe ich nicht. Ich möchte noch drastischer werden: Wenn Sie nichts unternehmen und nicht Ihren Beitrag zum Gelingen der Beziehung leisten, ist das unterlassene Hilfeleistung in erster Linie gegenüber sich selbst und natürlich auch gegenüber Ihrem Chef, der sich mit Ihrem Feedback weiterentwickeln könnte. Und wenn Sie jetzt sagen: „Ich probiere es doch immer wieder, aber es ist zwecklos", dann probieren Sie möglicherweise das Falsche oder immer wieder das Gleiche.

Wir sind sehr oft im Opfermodus: bestimmte Gruppen als Opfer der Gesellschaft, Eltern als Opfer der Kinder, Kinder als Opfer der Eltern oder der Lehrer, Mitarbeiter als Opfer der Führungskraft. Diese Liste ließe sich endlos fortsetzen. Opferhaltungen bringen uns nirgendwohin. Für den Mitarbeiter bedeutet die Opferhaltung, dass er immer mehr erwartet, sich immer weniger in der Verantwortung für eine gute Zusammenarbeit sieht und die Führungskraft immer schwerer die vielschichtigen und subjektiven Bedürfnisse sämtlicher Mitarbeiter erfüllen kann. Das ist so, als wenn in einer Partnerschaft einer immer erwartet und der andere nur gibt. Übrigens: Wir warten doch nur darauf, dass der andere es verbockt. Dann können wir auf unserer Negativ-Strichliste wieder ein Häkchen setzen. Wenn Sie meine sehr bewussten Provokationen ausgehalten haben, trauen Sie sich jetzt mit mir auf eine kleine Reise: zu sich selbst, zu ihrem Chef, zu Ihren und seinen Überzeugungen und zu pragmatischen Tipps für ein besseres Miteinander. Sie müssen Ihren Chef zum Glück nicht heiraten, aber klarkommen sollten Sie mit ihm. Dieses Buch möchte Ihnen dabei helfen, andere Dinge zu probieren, damit der Umgang mit dem Chef zur Nebensache wird und Sie den Spaß an Ihrem Job voll ausleben können.

Politisch unkorrekt eines vorweg: Aus Gründen der einfacheren Lesbarkeit – Sie haben es sicher schon bemerkt – rede ich immer von **dem** Vorgesetzten. Selbstverständlich ist die weibliche Form hier immer mit inbegriffen. Jeder, der meine

Affinität zum Gender-Thema kennt, weiß, wie sehr mir die Karriere der Frauen am Herzen liegt. Aber ich bin auch ein pragmatischer Mensch und das Lesen wird mit weiblicher und männlicher Form in meinen Augen unnötig holprig.

> **!** Zu einer guten Beziehung gehören zwei, auch am Arbeitsplatz. Welchen Beitrag können Sie zum Gelingen der Beziehung leisten?

Sechs grundlegende mentale Tipps im Umgang mit Chefs

Bevor wir uns typische Chef-Charakteristika anschauen, die mir in Seminaren, Coachings und Workshop-Moderationen immer wieder begegnen oder von denen Mitarbeiter mir berichten, möchte ich Ihnen sechs Anhaltspunkte mitgeben, die insgesamt den Umgang mit dem Vorgesetzten und sicher auch mit anderen Menschen in Ihrem Leben leichter machen können.

Tipp 1: Die Person vom Verhalten trennen

Kennen Sie das? Der andere verhält sich auf eine bestimmte Art, die Ihnen missfällt, und auf einmal finden Sie ihn einfach doof, ärgern sich vielleicht sogar über ihn oder werden wütend. Manchmal ist es nur eine einzige Verhaltensweise und Sie sind dermaßen „angestochen", dass Sie hochgehen könnten; oft ist es aber auch eine Ansammlung ähnlicher Verhaltensweisen. Was auch immer es ist, machen Sie sich bewusst, es ist eine Verhaltensweise. Nicht die ganze Person ist schlecht, im Gegenteil: Der andere hat viele andere Verhaltens- und Kommunikationsweisen, die positiv sind. Sie sehen diese nicht? Dann machen Sie sich auf die Suche und richten Sie Ihren Fokus auf diese. Ja, ich weiß, jetzt sagen Sie vielleicht: „Ihr blöden Coaches mit eurem Das-Positive-sehen-Gelaber." Ich sehe das – Sie ahnen es schon – anders. Es geht für mich nie darum, Dinge schönzutexten, die nicht schön sind. Aber wenn eine Sache mehrere Facetten hat, was bei einer Person meistens der Fall ist, nämlich Eigenschaften, die Ihnen gefallen, und welche, die Ihnen nicht gefallen, dann richten Sie Ihren Fokus doch auf die Seiten, die Ihnen gefallen, oder auf die Person als Ganzes, anstatt eine Ihnen missfallende Verhaltensweise alleinig in den Vordergrund zu stellen.

Beispiel

Ein Vorgesetzter bringt in Meetings wichtige Dinge klar und eindeutig auf den Punkt, kriegt aber im persönlichen Gespräch oder beim Mittagessen die Zähne nicht auseinander. Worauf richten Sie jetzt Ihren Fokus: Auf das Mittagessen oder auf das Meeting? Die zwei Seiten der Medaille: Er ist wahrscheinlich ein gedanklich sehr strukturierter, überlegter und besonnener Mensch. Das hat den Vorteil, dass er im Meeting genau an der richtigen Stelle die richtigen Worte fallen lässt, die punktgenau die notwendigen Impulse geben. Wie soll diese Person beim Mittagessen zum Small-Talk-König werden? Schwierig, denn hier liegt sicher nicht seine Kernkompetenz. Trotzdem ist er als Person nicht falsch, im Gegenteil: Seine gewisse Wortkargheit sorgt für Aufmerksamkeit, denn wenn er etwas sagt, hört jeder zu.

Wenn Sie also ein Verhalten oder eine Kommunikationsweise sehen, die Ihnen missfällt, dann beschränken Sie Ihren Groll (wenn der überhaupt sein muss, doch dazu später) auf diese eine Verhaltensweise, nicht auf die ganze Person.

Aufgabe

Manchmal hilft es, bei Personen, die mir nicht liegen, eine Positiv-Strichliste zu machen, das heißt: Was macht diese Person gut? So kriege ich meinen Fokus zumindest in den „neutralen" Bereich gerückt, so gut wie das für uns Menschen als emotionale Wesen überhaupt möglich ist.

Wer mein Buch „Das SIEgER-Team" gelesen hat, weiß übrigens, dass es Männern oft besser gelingt, die Person vom Verhalten zu trennen. Auch in meinen zahlreichen Befragungen im Vorfeld zu diesem Buch waren es zu 80 Prozent Frauen, die Stress mit dem Chef hatten. Das männliche Tunneldenken wirft nicht so viele Dinge in einen Topf wie das weibliche Denken, bei dem alles mit allem verbunden ist. Daher ist es besonders für weibliche Mitarbeiter wichtig, zu verstehen, dass eine Person nicht gleich falsch ist, nur weil sie immer wieder die gleiche Verhaltensweise an den Tag legt. Suchen Sie also spielerisch das Positive im anderen, notfalls mit Strich- und Beispiellisten, um der „Der-andere-ist-doof-Falle" zu entkommen. Denn diese Falle führt nur zu Frust und sie ist nicht fair. Und für die Herren: Akzeptieren Sie, dass viele Frauen Person und Verhalten in einen Topf werfen. Hüten Sie sich also davor, bei weiblichen Mitarbeitern durch einzelne Verhaltensweisen in Ungnade zu fallen, denn dann bleibt wertvolles Potenzial liegen.

> **Welche Verhaltensweisen sind positiv an meinem Chef – auch wenn ich ihn als Person nicht mag? Was kann ich vielleicht sogar von ihm lernen?**

Tipp 2: Wo ist die positive Absicht?

Dieser Gedanke war für mich einer der wichtigsten lebensverändernden „Mindshifts", die ich jemals hatte. So oft habe ich mich aufgeregt über Verhaltensweisen von Menschen und immer wieder habe ich im Coaching Menschen vor mir, die sich über Verhaltensweisen anderer, vor allem ihrer Chefs, fürchterlich echauffieren. Und dann stelle ich diese für viele völlig inakzeptable Frage: „Was könnte denn die positive Absicht sein, die Ihr Chef hat, wenn er das sagt oder sich so verhält?" Und nach dem ersten wutentbrannten: „Da ist überhaupt nichts Positives, der ist halt ein Arschloch!", erlaube ich mir, die Frage zu verfeinern: „Angenommen, es gäbe eine positive Absicht, vielleicht nicht direkt für Sie, sondern für ihn, worin läge diese?" Spätestens dann setzt ein Denkprozess ein, zu dem ich Sie – Sie ahnen es schon – natürlich auch ermuntern möchte. Denn: Menschen tun Dinge, die für sie selbst sinnvoll und positiv sind. Wenn ich Hunger habe, esse ich; wenn ich Durst habe, trinke ich. Das ist alles sinnvoll und positiv, sofern ich es nicht übertreibe. Und selbst wenn ich einen Wutausbruch bekomme, dann tut es mir erst einmal gut, den ganzen Druck endlich loszuwerden und rauszulassen. Aus der Perspektive des „Betroffenen" gestaltet sich das natürlich ganz anders, denn einen Wutausbruch abzukriegen ist natürlich noch unangenehmer, als einen zu haben, es sei denn, ich habe das mit der positiven Absicht verstanden. Dann kann ich den Wutausbruch des anderen ganz gelassen an mir vorbeifließen lassen, denn ich weiß, es tut dem anderen gerade gut. Der andere handelt immer für sich, nicht gegen mich. Nur beziehen wir das Handeln des anderen oft auf uns und nehmen es persönlich.

Viele meiner Klienten fragen mich: „Wenn ich einfach nicht reagiere, bedeutet das dann nicht, den Kopf einzuziehen oder klein beizugeben?" Für mich nicht, denn wenn beispielsweise unkontrollierte Emotionen meines Chefs ihren Weg suchen, dann kann ich an der Stelle ohnehin nicht viel ausrichten, bis er sich beruhigt hat. Je mehr ich dagegensetze, umso mehr stachele ich seine Wut an und schenke ihm für dieses nicht akzeptable Verhalten auch noch Aufmerksamkeit. Das heißt nicht, dass ich alles hinnehmen muss, ganz im Gegenteil. Oft ist es dann zu einem späteren Zeitpunkt (wenn sich die Emotionen gelegt haben) sinnvoll, ein Gespräch zu dem Thema zu suchen oder hier und da – wie zu Hause hoffentlich auch – einmal zu sagen: „Okay, der andere hatte vielleicht einen schlechten Tag, Schwamm drüber."

Übrigens entspringen die meisten negativen Verhaltensweisen mangelndem Selbstbewusstsein, fehlendem Selbstvertrauen und fehlender Selbstliebe. So versucht ein Chef beispielsweise, sein Selbstbewusstsein zu stärken, indem er seine Mitarbeiter niedermacht; er hinterfragt jede Entscheidung tausendfach, weil er sich selbst nicht vertraut, oder er bringt Mitarbeitern keine positiven Emotionen entgegen, weil er sich selbst gegenüber auch keine hat. Das ist alles nicht schön für die Mitarbeiter, aber positiv für den Chef, es hilft ihm, aus seinem Mangel auszusteigen, leider auf Kosten der Arbeitnehmer.

Viele meiner Klienten, die das Prinzip der positiven Absicht verstehen, werden gelassener im Umgang mit dem Vorgesetzten, sie nehmen ihn nicht mehr als Feind wahr, sondern haben sogar manchmal ein wenig Mitgefühl mit ihm, da er offensichtlich auch nur ein Mensch mit allen seinen Schwächen ist.

Als energiebewusster Mensch sage ich mir immer: „Suche dir deine Felder aus, in denen du Energie lassen willst, denk nur daran, dass du sie irgendwo auch wieder auffüllen musst." Wer also ständig Energie verschwendet, indem er sich über die Verhaltensweisen des Vorgesetzten aufregt, dem empfehle ich, das Lenken der Energie aktiv zu üben.

Wer sich mit diesem Gedanken schwertut, der sollte Tipp 3 lesen. Dort könnte die Lösung liegen.

> **Mein Chef handelt für sich, nicht gegen mich.**

Tipp 3: Was hat es mit mir zu tun, wenn ich empfindlich reagiere?

Ich habe zwei Söhne und einen Ehemann, bin in vielen verschiedenen Unternehmen unterwegs, habe einige Coaching-Klienten. In dieser privaten und beruflichen Konstellation bin ich vielen Feedbacks und bewussten oder unbewussten Rückmeldungen ausgesetzt. Dafür bin ich sehr dankbar. Jedes Mal, wenn mich eine Bemerkung des anderen trifft, weiß ich: Das ist mein wunder Punkt oder zumindest einer meiner wunden Punkte. Und statt den anderen dafür zu verurteilen, schaue ich in dem Fall bei mir selbst nach, finde meine „wunde Stelle" und kann diese bearbeiten. Für unsere Gefühle sind wir immer, und zwar ausnahmslos immer, selbst verantwortlich. Andere drücken nur gern auf unsere Knöpfe. In einer guten Partnerschaft – da bin ich mir sicher – weiß jeder, auf welchen Knopf er beim anderen drücken muss, damit dieser an die Decke geht. Wir setzen dieses Wissen tagtäglich ein, ganz ohne böse Absicht für den anderen. Es befreit nun mal, beim anderen auf einen Auslöser zu drücken, dann ist er erst einmal beschäftigt und ich kann mich freischwimmen. Natürlich passiert das alles unbewusst, aber es passiert: in einer Partnerschaft genauso wie im Chef-Angestellten-Verhältnis.

Mitarbeiter erwarten nichts mehr als Wertschätzung vom Vorgesetzten, allerdings sieht diese für jeden ein wenig anders aus. Ich mache den Begriff Wertschätzung immer an dem Wort fest, das drinsteckt: den Werten. Wenn beispielsweise ein ausgeprägter Wert bei mir Harmonie ist und mein Chef eher ein schroffer Typ ist, dann wird es mit der Wertschätzung schon schwierig, denn ich erwarte von ihm ein Verhalten, das er nur schwer leisten kann.

Wenn also nun mein Vorgesetzter auf einen meiner Knöpfe gedrückt hat, wenn er mich gefühlt nicht wertschätzend behandelt hat, hilft es, den anderen nicht zu verurteilen, sondern sehr gezielt bei mir selbst nachzusehen. Welche Emotionen und Gedanken löst das Verhalten des anderen bei mir aus? Diese kann ich nämlich steuern, ob Sie es glauben oder nicht. Es obliegt Ihnen, ob Sie im Stau auf der Autobahn vor Wut ins Lenkrad beißen oder die Zeit für ein Telefonat mit jemandem nutzen, den Sie schon längst anrufen wollten. Wenn ich immer wieder die gleiche Reaktion zeige, wird sich auch beim anderen immer wieder die gleiche Reaktion abspielen. Das kann nicht der Sinn des Spiels sein.

Beispiel

Ein Vorgesetzter mischt sich in viele Details des von Ihnen bearbeiteten Projekts ein und möchte fast jeden Tag über den aktuellen Status informiert werden. Jetzt könnten Sie innerlich sagen: „Der ist halt ein Kontrollfreak, aber gut, wenn er das braucht, kostet ja nicht viel Zeit." In diesem Fall würden Sie die kleine Marotte des Chefs lässig übergehen können. Stattdessen macht Sie sein Kontrollwahn wütend oder vielleicht sogar unsicher. Spüren Sie in diesem Fall genau in sich hinein, welche negative Emotion das Verhalten

> *Ihres Chefs bei Ihnen auslöst: Wut, Trauer, Zorn, Angst, Unsicherheit, Hilflosigkeit, um nur einige zu nennen. Fühlen Sie sich beispielsweise unsicher, dann kann das zeigen, dass Sie nicht genug Selbstvertrauen haben, nicht genug daran glauben, dass Sie das Projekt alleine stemmen können. Spüren Sie Wut, haben Sie vielleicht eine negative Erinnerung an zu viel Kontrolle, z. B. durch die eigenen Eltern. Das wäre dann ein Thema, an dem Sie arbeiten könnten, zum Beispiel – Sie ahnen es – mit einem guten Coach.*

Es gibt mittlerweile hervorragende Methoden, wie das von mir praktizierte Wingwave®-Coaching, um solche Themen dauerhaft im Unterbewusstsein aufzulösen. Oft genügt auch schon das Bewusstmachen des eigenen Verhaltens- bzw. Reaktionsmusters. Das klingt vielleicht anstrengend, macht aber in Wahrheit sehr viel Spaß. Fakt ist und bleibt: Für unsere Gefühle sind wir selbst verantwortlich, und zwar nur wir selbst.

> *Schieben Sie das entstehende Gefühl nicht weg, sondern nehmen Sie es bewusst wahr. Es darf da sein, denn es will gehört werden.*

Noch ein letzter wichtiger Punkt: Besonders feinfühlige Menschen haben ein hohes Maß an Spiegelneuronen, das heißt, sie spüren die Emotionen und den Stress anderer. Wenn ein Chef-Typ Sie auf die Palme bringt, kann es durchaus darin begründet liegen, dass Sie nicht Ihre eigenen Emotionen spüren, sondern die Emotionen des Vorgesetzten: seine Unsicherheit, Angst, Selbstzweifel etc. Wenn Sie sich also über Ihre Reaktion wundern und denken: „Das kenne ich gar nicht von mir", kann dies der Grund sein. In diesem Fall hilft es, dem anderen wie in einem Geschenkpaket gedanklich seine Gefühle zurückzugeben. Denn nur der andere kann diese lösen, das können Sie ihm nicht abnehmen.

> **Welches Gefühl entsteht bei mir, wenn mein Chef sich so verhält, und wo hat dieses seinen Ursprung? Ist es mein oder sein Gefühl?** **!**

Tipp 4: Geben Sie Feedback

Auch wenn wir nun wissen, dass der Chef nicht gegen Sie, sondern für sich handelt, ist es dennoch sinnvoll, ihm zu seinem Verhalten ein Feedback mit einer Ich-Botschaft zu geben. So kann der Chef wachsen.

Mitarbeiter glauben, am Arbeitsplatz rational und vernünftig sein zu müssen. Sie sagen daher – im Gegensatz zum privaten Umfeld – oft nicht ihre Meinung. Ich habe so viele Klienten, die mir sagen, dass sie innerlich kochen und mit der geballten Faust in der Tasche Dienst nach Vorschrift machen, aber auch Angst haben, dass kritisches Feedback sie den Job kosten kann. Das ist sicher nicht gesund für den Mitarbeiter, aber noch viel gravierender: Die Führungskraft steht ohne jegliches Feedback da.

Geben Sie Ihrem Chef also Feedback zu seinem Verhalten. Und ich gehe noch einen Schritt weiter: Ich möchte Sie ermuntern, Ihren Chef vor allem zu ertappen, wenn er Gutes tut, wenn Ihnen eine Verhaltensweise gefällt, und das zurückzumelden. Die Feedbackkultur hierzulande ist in meinen

Augen leider komplett krank. Frei nach dem Motto „Nicht geschimpft ist genug gelobt" schaffen wir es immer noch, uns gegenseitig aufs Brot zu schmieren, was uns aneinander missfällt. Das betrifft Vorgesetzte gegenüber Mitarbeitern genauso wie Paare. Wahrscheinlich sagen Sie jetzt zu recht: „Aber mein Chef lobt mich doch auch nie, warum soll ich denn da jetzt rumschleimen?" Für mich ist das kein Schleimen. Nur weil er es nicht kann bzw. nicht tut, heißt es ja nicht, dass Sie dann trotzig werden müssen und es auch nicht tun. Jeder Mensch erhält gerne positives Feedback. Warum gehen Sie nicht mit gutem Beispiel voran? Ich habe schon viele Fälle gesehen, in denen positives Feedback eine ansteckende Wirkung auf ganze Abteilungen und sogar auf die Führungskraft hatte. Gerade wenn Sie Angst haben, dass Ihr Chef keine Kritik verträgt, können Sie ihn auch mit positivem Feedback steuern. So weiß er, was gut ankommt, und kann diese Verhaltensweisen bewusster einsetzen.

Selbstverständlich sollten Sie auch zurückmelden, wenn Ihnen etwas komplett missfällt. Egal ob Feedback „nach unten", „nach oben" oder „zur Seite", es gilt die Faustregel: Eine Kritik darf auf fünf positive Feedbacks folgen. Denn dann liegt der Schwerpunkt darauf, dem Gegenüber klarzumachen, was er häufiger tun soll. Das ist motivierend für den anderen und einfach umzusetzen. Wenn Sie kritisches Feedback geben, bleiben Sie bei Ich-Botschaften, sagen Sie, was Ihnen nicht gefallen hat, und vor allem, was Sie stattdessen wünschen. Seien Sie sehr konkret. Das klingt banal und abgedroschen, ich beobachte leider immer noch sehr oft, dass diese simple Regel nicht eingehalten wird.

> *Statt: „Du hältst mir den Rücken nicht genug frei", wäre ein hilfreiches Feedback für den Vorgesetzten: „In dem Meeting hatte ich das Gefühl, gegen den Abteilungsleiter XY nicht anzukommen. Ich hätte mir von dir gewünscht, dass du an dieser Stelle das Wort ergreifst und auf deiner Hierarchieebene mit ihm klärst, welches unsere Vorstellungen sind."*

Hier haben wir eine Ich-Botschaft: „Ich hatte das Gefühl", wir haben eine konkrete Situation: die Stelle in dem Meeting, und wir haben ein gewünschtes alternatives Verhalten: „Ich hätte mir gewünscht, dass du das Wort ergreifst …" Und ganz wichtig: Nach diesen drei Sätzen können Sie das Gespräch beenden. So kann Ihr Vorgesetzter gesichtswahrend aus der Situation gehen. Wenn Sie jetzt noch stundenlang diskutieren oder das Feedback unnötig in die Länge ziehen, verfehlt es seinen Effekt. Die wenigsten Menschen haben genug Selbstvertrauen, um kritisches Feedback wirklich gut auszuhalten. Deswegen machen Sie es kurz, aber präzise.

Gerne dürfen Sie beim Feedback Gefühle äußern. Wir Menschen sind doch Gefühlswesen und keine Roboter. Die Zeiten, in denen Gefühlsäußerungen im Büro als unangemessen galten, sind zum Glück in den meisten Branchen langsam vorbei. Sollten Sie in einer anderen Branche sein, dann ist jetzt Ihre Chance gekommen, eine Vorreiterrolle einzunehmen.

> **Ertappen Sie Ihren Chef, wenn er Gutes tut, und sagen Sie es ihm.** !

Tipp 5: Loyalität – was braucht der Chef?

Wenn ich Führungskräfte coache und wir ihre größten Ängste besprechen – und glauben Sie mir, da gibt es viele –, kommt häufig die Antwort: „Dass meine Mitarbeiter mich blöd dastehen lassen oder mir in den Rücken fallen." Führung hat eben auch mit Macht, Status und Ansehen zu tun. Beinah das Wichtigste, was ein Vorgesetzter also von seinen Mitarbeitern braucht, ist Loyalität. Das ist ähnlich wie in einer Partnerschaft. Wenn ich nicht weiß, ob ich meinem Partner trauen kann, sind Konflikte vorprogrammiert. Denn dann sehe ich in fast allem, was der andere tut, ein Untergraben von Loyalität. Vermitteln Sie Ihrem Chef das Gefühl: Du kannst mir vertrauen, ich stehe zu dir (egal ob ich dich mag oder nicht). Der letzte Satz steht bewusst in Klammern. Genauso wie es wichtig ist, die Person vom Verhalten zu trennen, ist es wichtig, Loyalität von Sympathie bzw. Antipathie zu trennen.

Jetzt sagen Sie bestimmt: „Na super, jetzt soll ich auch noch Loyalität heucheln, wo ich den eh schon nicht ausstehen kann." Nein, Sie sollen nicht heucheln, Sie sollen sich darin trainieren, zu kooperieren, trotz „widriger Bedingungen". Betrachten Sie es als Herausforderung, an der Sie wachsen können, denn: Wenn Sie heucheln, wird Ihr Chef es merken. Er ist zwar vielleicht kein Sympathieträger für Sie, aber er ist emotional auch nicht vollkommen unbegabt. Wenn Sie Ihrem Chef die Loyalität verwehren und ihm implizit das Gefühl geben, ihn nicht zu mögen, ist Ihre Beziehung vergiftet. Sie können Ihren Job noch so lieben, es wird erfahrungsgemäß die Hölle für Sie beide. Denn Sie arbeiten gegeneinander statt miteinander. Ich kenne wenige Menschen, die das über einen längeren Zeitraum aushalten, denn das Verhältnis ist von

Misstrauen geprägt, vielleicht sogar davon, dem anderen hier und da „eins reinzuwürgen". Früher oder später kündigen Sie dann, obwohl Sie den Inhalt Ihres Jobs noch so sehr mögen. Das muss nicht sein, wenn Sie sich in Loyalität üben, ohne Sympathie erzwingen zu müssen. Schließlich ist es keine Liebes-, sondern eine Zweckbeziehung. Sympathie hilft, ist aber kein Muss. Wer weiß, wie schwer es ist, den passenden Partner zu finden, kann sich vorstellen, dass es noch um einiges schwerer sein dürfte, den perfekten Chef zu finden.

Eine einfache Übung, die dem anderen sofort Loyalität und Vertrauen suggeriert: Sprechen Sie ihn mit Namen an. Menschen und vor allem Chefs hören ihren Namen gerne. Verwenden Sie im Dialog mit ihm Worte, die er gerne verwendet, und zeigen Sie damit: Ich spreche deine Sprache. Aber bitte nur Worte, die Sie auch mögen, nicht Worte, über die Sie sich innerlich lustig machen. Spiegeln Sie den anderen in Sprechtempo, Haltung, Bewegung und stellen Sie so eine Beziehung, den sogenannten Rapport, her. Damit ist nicht ein affiges Nachahmen gemeint, sondern ein – auf-den-anderen-Einlassen – in Teilen. Sie können dies im Kleinen tagtäglich mit jeder Person üben, mit der Sie interagieren. Sie werden merken, dass der andere entspannt, wenn Sie seine Sprache, Mimik, Gestik, Haltung aufgreifen, und dass er mit abweisender Körpersprache reagiert, wenn Sie das genaue Gegenteil machen.

Übung

Wählen Sie einmal täglich eine Person aus und versuchen Sie, bewusst Nähe zu dieser Person herzustellen, indem Sie die Person in Sprache, Mimik, Gestik, Atmung, Haltung imitieren. Wenn sich der andere vorbeugt, beugen Sie sich ebenfalls scheinbar unmerklich vor. Wenn der andere schnell spricht, sprechen Sie ebenfalls etwas schneller etc. Spüren Sie, was gut funktioniert und wo Sie noch üben sollten. Seien Sie dabei wertschätzend gegenüber dem anderen und machen Sie sich nicht über ihn lustig. Beobachten Sie die Reaktion des anderen. Wann entspannt er, wann verspannt er?

Besonders hilfreich ist, wenn Sie dem Vorgesetzten die eigene Loyalität so zeigen, dass er sie auch als Loyalität empfindet. Dazu sollten Sie wissen, wie seine Ziele lauten, und Ihr oberstes Gebot sollte sein: „Ich helfe dir, deine Ziele zu erreichen." Wenn Sie dies als Tenor für Ihre Kommunikation und für Ihr Verhalten wählen, haben Sie schon die halbe Miete drin. Dann sollten Sie außerdem noch herausfinden, welche Verhaltensweisen der Chef genau braucht, um seine Zufriedenheit und sein Wohlwollen zu wecken. Dem einen genügt hier und da ein zustimmendes, ehrlich gemeintes Nicken (natürlich an Stellen, an denen Sie auch wirklich zustimmen), der andere braucht explizites positives Feedback zum eingeschlagenen Kurs, der Nächste braucht vielleicht eine sofortige Umsetzung der delegierten Aufgaben, … Es gibt viele Formen, Loyalität zu zeigen. Am einfachsten ist es, den Vorgesetzten zu fragen, was er von Ihnen erwartet bzw. braucht. Oft hilft das dem Chef, sich selbst klar zu werden. Wir haben durch diese Frage den klassischen Fall von „Coach your boss, ohne dass er es merkt".

Was braucht/erwartet der Chef in der Zusammenarbeit von mir? Wie kann ich ihm meine Loyalität am besten zeigen?

Abschlusstipp: Üben im Alltag

Sicher habe ich Sie mit den fünf vorangegangenen Tipps gefordert. Der eine oder andere mag immer noch denken: „Mein Chef ist nun mal der totale Flop, soll der sich doch ändern, warum soll ich es denn tun?" Die Antwort ist ganz einfach und Sie kennen diese auch: Andere Menschen zu ändern gelingt weder privat noch im Geschäftsleben. Aber wir können Impulse setzen. Wir können unser Verhalten ändern und somit eine andere Reaktion beim anderen auslösen. Und wenn Sie jetzt denken: „Warum soll ich mich daran abarbeiten, er ist doch der große Boss?", dann ist meine Antwort: Weil Sie es spätestens jetzt können; weil Sie nun das Handwerkszeug haben, toleranter mit dem Chef und mit sich selbst zu sein; weil Sie nun wissen, wie man die Person vom Verhalten und Loyalität von Sympathie trennt, und weil Sie den Mut entwickeln können, Feedback zu geben.

Und zu guter Letzt: Es lohnt sich ja auch, denn Sie mögen oder lieben Ihren Job sogar. Und das wollen Sie alles sausen lassen, nur weil es mit dem Chef nicht so läuft? Ich finde, Sie sollten sich den Versuch wert sein, das Verhältnis zu Ihrem Chef auf neue Füße zu stellen.

Da es im beruflichen Kontext und vor allem bei einem angespannten Verhältnis zum Chef von vielen als mühselig empfunden wird, in diesem Kontext an sich selbst zu arbeiten, empfehle ich meinen Klienten immer, die Tipps 1 bis 5 im Alltag zu üben, ganz locker und spielerisch, um Routine, Sicherheit und Spaß damit zu bekommen. Schaffen Sie sich Rituale, z. B. feste Tageszeiten oder typische Situationen, in denen Sie das eine oder andere üben, zum Beispiel: Immer wenn sich jemand in Ihren Augen seltsam oder unange-

messen verhält, fragen Sie sich als Erstes: „Was könnte sein Nutzen, seine positive Absicht bei diesem Verhalten sein?" So schärfen Sie Ihren Blick für verschiedene Ansichten und auch Bedürfnisse. Führen Sie spaßeshalber über zwei bis drei Personen, die Sie nicht besonders mögen, mit denen Sie aber immer wieder zu tun haben, Positiv-Listen. Lassen Sie den Chef bewusst außen vor, üben Sie an Personen aus Ihrem Alltag. Ich bin mir sicher, da gibt es auch den einen oder anderen, z. B. Freunde des Partners oder der Partnerin, Mitglieder in Vereinen etc. Wann immer Ihnen jemand seltsam begegnet, fragen Sie sich sofort: „Was hat das mit mir zu tun? Was macht das mit mir gerade? Welche Emotionen löst das aus?" Geben Sie einmal am Tag einer Person positives Feedback. Es ist übrigens eine tolle Idee, beim eigenen Partner damit anzufangen. Dann haben Sie noch einen wunderbaren Nebeneffekt für die Beziehung. Und zu guter Letzt: Fragen Sie doch einmal die Menschen, die Ihnen viel bedeuten, woran diese merken, dass Sie loyal sind, dass Sie hinter ihnen stehen. Sie werden staunen, was Sie mit diesen simplen Alltagsübungen über sich und andere lernen und dabei auch noch eine Menge Spaß haben können. Denn Ihr Fokus wird sich dahin entwickeln, dass Sie beginnen, Ihr „Schicksal" aktiv zu gestalten, statt pausenlos anderen ausgeliefert zu sein.

Auf den Punkt gebracht

Üben Sie täglich spielerisch, Loyalität zu zeigen, Feedback zu geben und die Person vom Verhalten zu trennen. Und schaffen Sie ein Bewusstsein für die bei Ihnen durch den Chef ausgelösten Emotionen.

Umgang mit bestimmten Chef-Typen

Lassen Sie uns im Folgenden anhand typischer Chef-Charakterisierungen Ihre Möglichkeiten im Umgang mit dem Chef noch mehr konkretisieren. Wir betrachten dabei jeweils, an welchen Verhaltensweisen Sie einen bestimmten Chef-Typ erkennen, sodass Sie Ihren Chef sofort wiederfinden und vor allem, wenn Sie mal den Job und somit den Chef „wechseln", einfach nachschlagen können.

Die Beispielsituationen für jeden Chef-Typ sind bewusst etwas überzeichnet, vereinen jedoch typische Verhaltensweisen, die ich immer wieder in Workshops beobachte oder die mir in Coachings für einen bestimmten Typ Chef zurückgespielt werden. Sicher zeigt ein Chef-Typ nicht unbedingt sämtliche der genannten Eigenschaften, schon gar nicht innerhalb des in den Beispielen skizzierten kurzen Zeitraums, das wünsche ich Ihnen wahrlich nicht. Es geht hier auch nicht darum, Menschen in Schubladen zu stecken, sondern schlichtweg um eine leichtere Auffindbarkeit Ihres typischen „Chef-Problemfalls". Umgekehrt tauchen manche Verhaltensweisen bei mehreren Chef-Typen auf. Dies ist durch entsprechende Querverweise gekennzeichnet. Entscheidend ist oft die Motivation hinter einer Verhaltensweise. Wenn Sie sich darüber nicht sicher sind, lesen Sie in diesem Fall einmal in zwei oder mehreren Kapiteln nach. Auch wenn Sie Ihren Chef bei den zehn Typen nicht klar einordnen können, gebe ich Ihnen diesen Rat.

Wir werfen einen kleinen Blick darauf, warum sich Ihr Vorgesetzter so verhalten könnte und welche unbewussten Muster dahinterstehen könnten. Dieser Teil bleibt bewusst etwas knapper, denn wir wollen keine Hobby-Psychologie betreiben. Allerdings hilft diese Betrachtung der möglichen unbewussten Muster Ihres Chefs, um seine positive Absicht zu verstehen, sodass Sie entspannter mit ihm umgehen und handlungsfähiger werden. Nach einigen praktischen Tipps, was dieser Chef-Typ von Ihnen besonders braucht, schauen wir natürlich auch, auf welche unbewussten Knöpfe er bei Ihnen drücken könnte und wie Sie diese auflösen oder entdramatisieren. In diesem Zusammenhang sei erwähnt, dass uns Unternehmen aufgrund ihrer hierarchischen Struktur ganz oft unbewusst an unsere Kindheit erinnern, in der unsere Eltern, Lehrer, Trainer, Verwandte quasi die Chef-Rolle innehatten. Häufig kommt hier so manche unschöne Erinnerung hoch. Da lohnt es sich, hinzuschauen. Jedes Kapitel schließt mit einigen Tipps ab, wie Sie mit diesem Typ Chef besser umgehen können, ohne sich dabei verbiegen zu müssen.

Bei allen Typologisierungen kann ich Ihnen eines nicht nehmen: Die Anstrengung, selbst etwas zu tun und Ihre Energie auf Ihr eigenes Handeln zu lenken, statt sich über den Chef aufzuregen. Ich weiß, dass Letzteres vermeintlich leichter ist. Die Erfahrung zeigt aber, dass es weder für Sie noch für den Chef zu irgendetwas führt. Im Gegenteil: Das Aufregen kostet Kraft, Energie und ändert nichts. Machen wir uns also auf den Weg zum Durchbruch mit Ihrem Vorgesetzten.

Typ 1: Der Mikromanager mit dem Kontroll- und Perfektions-Gen

Woran Sie ihn erkennen

Den Mikromanager kennzeichnen ein engmaschiges Kontrollieren seiner Mitarbeiter, wenig Fähigkeit, zu delegieren,

Dinge loszulassen oder Andersartigkeit zuzulassen, sowie eine große Liebe zum Detail. Er mag es nicht, wenn andere – vor allem seine Mitarbeiter – mehr wissen als er oder an ihm vorbei nach oben kommunizieren. Er will oft ganz genau wissen, wie seine Mitarbeiter etwas machen, schreibt ihnen sogar konkrete Wege vor und ist gerne bei deren Meetings oder Gesprächen dabei.

Bettina Davidson steht mehrmals täglich mit konkreten Fragen am Schreibtisch der langjährigen Mitarbeiterin Birgit Schell und auch bei deren Kollegen. „Birgit, hast du schon mit Herrn Werner gesprochen? Und hast du schon die Listen ausgewertet?" Auf Birgits Antwort: „Ja, habe ich", schließt sich gleich die Folgefrage an: „Und was hat Herr Werner denn genau gesagt?" Birgit schildert Frau Davidson minutiös das Gespräch mit Herrn Werner. Nach drei weiteren Rückfragen stellt Frau Davidson keine weiteren Fragen mehr zu diesem Thema und wendet sich zum Gehen. Sie hält kurz inne, dreht sich um und sagt: „Ach, und Birgit, zu deinem Meeting gleich komme ich mit." Birgit Schell ist genervt, ständig fühlt sie sich kontrolliert, als würde ihr Bettina Davidson nichts zutrauen. Noch viel wütender wird sie allerdings, als Bettina Davidson in dem folgenden Meeting die Konversation zu dem von Birgit geführten Projekt an sich reißt. Nach dem Meeting möchte sie ihre Chefin darauf ansprechen. Aber Frau Davidson rauscht an ihr vorbei mit den Worten: „Ich muss gleich ins nächste Meeting, momentan ganz schlecht." Frau Davidson geht in den Besprechungstermin ihres Mitarbeiters Peter Schlenther. Zeit für Gespräche mit den Mitarbeitern hat sie fast nie, sie ist durchgetaktet von morgens bis abends mit dem Besuch der Meetings ihrer Mitarbeiter, mit eigenen Projekten, die sie nicht delegieren möchte, und mit Ad-hoc-Anfragen zu diversen Projekten.

> *Kurz bevor sie im nächsten Meeting verschwindet, lässt sie noch folgenden Kommentar fallen: „Ach, Birgit, demnächst sagst du mir Bescheid, wenn du eine Vereinbarung mit dem Einkauf getroffen hast. Frau Wegener hat mich darauf angesprochen und ich hatte keine Ahnung und stand ganz schön blöd da." Birgit will gerade erklären, dass sie von diesem Gespräch schon noch berichtet hätte, da ist Frau Davidson auch schon verschwunden.*

Was oft dahintersteckt!

Mikromanager möchten kompetent und zuverlässig wirken. Tief in ihrem Innern sind sie oft unsicher und voller Ängste. Sie haben Angst, als inkompetent wahrgenommen zu werden, Angst vor Fehlern oder Versäumnissen sowohl bei sich selbst als auch bei den Mitarbeitern. Denn Fehler der Mitarbeiter können auf den Mikromanager als Führungskraft zurückfallen. Mikromanager kleben im Gegensatz zum Chef-Typ Verzettler an Details, um Kontrolle zu behalten, nicht weil sie unorganisiert sind. Das Gefühl von Vertrauen ist diesem Chef-Typ meist fremd. Er hat oft noch nie wirklich erlebt, dass Loslassen und Vertrauen zum Erfolg führen können. Nicht selten hat er in seinem Leben bereits eine große Blamage durch ein Versäumnis erlebt. Manchmal ist die Angst vor dem Loslassen aber auch einfach „geerbt". Überbeschützende oder jeden Schritt kontrollierende Eltern können hier eine maßgebliche Rolle gespielt haben. Eine Grundangst vor Ablehnung ist ebenso häufig wie die Angst, nicht gut genug zu sein, aus der dann übertriebene Kontrolle und übertriebener Perfektionismus entspringen.

Typische Glaubenssätze des Mikromanagers sind:

- „Nur ich kann es zu 100 Prozent."

- „Vertrauen ist gut, Kontrolle ist besser!"

- „Ich glaube es erst, wenn ich es selbst gesehen/gemacht habe."

- „Alles muss perfekt und genau so sein, wie ich es mir vorstelle."

Welches auch immer seine Gründe sind, wir müssen sie nicht unbedingt kennen, er wird sie Ihnen sehr wahrscheinlich auch nicht erzählen, zumindest nicht, bis Sie sein Vertrauen gewonnen haben.

Reflektieren Sie kurz, welche Historie Ihren Vorgesetzten zum Perfektionisten bzw. Kontrollfreak gemacht haben könnte. So können Sie vielleicht ein wenig Verständnis aufbringen und Ihren inneren Bewertungsmechanismus ausstellen.

Warum reagiere ich so empfindlich auf diesen Typ Chef?

Zunächst gibt es Menschen, die in sich ruhen und daher sehr gut mit diesem Chef klarkommen und über seinen Kontrollwahn sogar ein wenig schmunzeln können. Wenn Sie auf den Mikromanager empfindlich reagieren, dann weil Sie sich möglicherweise in Ihrer Kompetenz infrage gestellt fühlen. Vielleicht haben Sie Selbstzweifel, dann stößt dieser Typ Chef Sie mit jeder seiner Fragen auf einen Bereich, wo Sie an sich zweifeln könnten. Zweifeln Sie beispielsweise daran, ob Sie eine Aufgabe gut genug gelöst haben, trifft seine Frage: „Hast du das jetzt vollständig und sorgfältig erledigt?", genau an diesem wunden Punkt. „Erledigt habe ich es, ja, aber ist es wirklich sorgfältig genug?", das könnte ein Gedanke sein, der sich Ihrer dann bemächtigt.

Ein weiterer wunder Punkt könnte darin bestehen, dass Sie die gleichen oder komplett gegensätzliche Werte wie/als Ihre Führungskraft haben, z. B. Kompetenz und Expertise. Durch sein Nachfragen werden aber genau diese Werte ständig infrage gestellt. Sie denken, er zweifelt an Ihrer Kompetenz und Expertise und fragt deshalb nach. Oder Sie haben genau einen entgegengesetzten Wert, z. B. Freiheit. Durch seine Kontrolle fühlen Sie sich in Ihrer Freiheit eingeschränkt.

Möglicherweise erinnert Sie der Mikromanager aber auch an eine Bezugsperson aus Ihrem Leben: kontrollierende Eltern, Lehrer, Trainer. Endlich haben Sie sich von diesen Personen abgelöst und nun kehren diese Charaktere als Chef wieder in Ihr Leben zurück, als würden Sie verfolgt.

> **!** Reflektieren Sie, wenn Ihnen eine bestimmte Verhaltens- und Kommunikationsweise Ihres Vorgesetzten auf den Wecker geht, und fragen Sie sich: „Was hat es mit mir zu tun?" „Welche Emotionen löst das in mir aus (z. B. Wut oder Hilflosigkeit)"? „Welche seiner Worte bringen mich auf die Palme (z. B. Hast du schon …)" Nehmen Sie zunächst Ihre Empfindungen wahr, ohne zu bewerten.

Was Sie ihm geben sollten

Zu Beginn einer Zusammenarbeit braucht der Mikromanager ziemlich viele aktive Rückmeldungen von seinen Mitarbeitern, z.B. zum Status eines Projekts. Das muss nicht besonders ausführlich sein, denn er ist wegen seiner vielen Kontrollpunkte oft im Zeitstress. Eine kurze Zusammenfassung in zwei Sätzen genügt ihm oft schon. Diese sollte dafür häufig erfolgen, denn wenn er lange nichts von Ihnen hört, wird er schnell unruhig. Füttern Sie ihn also anfangs lieber täglich mit kurzen Updates, die nicht zu viele Details enthalten, in die er sich sonst gerne wieder einmischt. Sie können daraus ein schönes Ritual machen, z.B. ein kleiner Informationsbrocken täglich kurz nach der Mittagspause.

Der Mikromanager braucht außerdem Zeit, um Vertrauen aufzubauen. Daher empfiehlt es sich, ihm immer wieder kleine Vertrauensbeweise zu senden, z.B. indem Sie offen kommunizieren, mit wem Sie Themen besprochen haben oder wo es Konflikte gibt, damit er solche Dinge aus erster Hand und nicht von Dritten erfährt. Es hilft auch, ihm das eine oder andere mitzuteilen, was nicht jeder weiß, damit er sich an Bord genommen fühlt. Sie können ihm beispielsweise bei einer wöchentlichen Gossip-Hour (z.B. beim Mittagessen) sämtliche Dinge erzählen, die hinter den Kulissen laufen. Freuen Sie sich mit ihm, wenn er sich darüber freut, den neuesten Klatsch oder die neuesten Intrigen zu kennen.

Oft braucht er auch nur das Gefühl, dass seine Werte (Zuverlässigkeit, Kompetenz, Expertise) von seinen Mitarbeitern als wichtig angesehen und unterstützt werden.

! Worte und Sätze, die er sicher gerne aus Ihrem Mund hört und die Sie bewusst verwenden können, sind:
- „Hier können wir Kompetenz zeigen."
- „Hier können wir unsere Expertise herausstellen."
- „Du kannst dich darauf verlassen, dass ich mich darum kümmere."
- „Ich will dich informieren."
- „Es gibt hier folgendes Problem, das ich gerne so lösen würde."

Worte und Sätze, die Sie vermeiden sollten, sind:
- „Lass mich mal machen, ich habe das im Griff."
- „Es läuft schon alles …"
- „Denkst du, ich bin blöd?"

Verwenden Sie ruhig das eine oder andere seiner Lieblingsworte oder schenken Sie ihm die Sätze, die er gerne hört. Sie werden merken, dass Sie eine Balance der Kräfteverhältnisse zwischen Ihrem Vorgesetzten und Ihnen erreichen, denn wenn Sie diese Verhaltens- und Kommunikationsweisen kultivieren, wird er fast süchtig danach. Es tut ihm gut und er baut Vertrauen zu Ihnen auf. Spätestens dann fühlen Sie sich nicht mehr klein und kontrolliert, sondern auf Augenhöhe. Das, was Sie jetzt alles über ihn und sich wissen, weiß er nämlich nicht. Und Sie haben die Macht, seine Sucht zu stillen, wie stark ist das denn?

Wie kann ich mich ihm gegenüber anders aufstellen?

Wie immer beginnt die Änderung unserer inneren Haltung damit, den anderen nicht zu verurteilen. Er handelt nicht gegen Sie, sondern für sich. Und seine Geschichte, wie auch immer sie lautet, hat ihn zum Kontrollfreak gemacht. Genauso wie Ihre Geschichte Sie möglicherweise zu einem Kontrollgegner gemacht hat.

Welche wunden Punkte haben Sie bei sich entdeckt? Verstärkt dieser Chef-Typ Ihre Selbstzweifel, dann arbeiten Sie an Ihrem Selbstvertrauen und Ihrem Selbstwert. Richten Sie Ihren Fokus auf die Dinge, die Sie gut machen, und feiern Sie sich selbst dafür. Wir feiern uns ohnehin viel zu selten. Geben Sie Ihren Defiziten weniger Bedeutung. Wir haben diese Defizite alle, und je mehr wir uns darauf konzentrieren, umso mehr bestimmen sie unser Leben. Machen Sie nicht Ihren Chef dafür verantwortlich, dass Sie nicht aus Ihrem eigenen Mangel-Denken aussteigen können. Er ist bloß Ihre Erinnerungsfunktion. Die Verlagerung Ihres Fokus auf Ihre Stärken macht Sie auch weniger verwundbar bei kontrollierendem Nachfragen, denn Sie wissen dann, was Sie gut gemacht haben.

Werten Sie sein Nachfragen nicht als Hinterfragen Ihrer Kompetenz oder Ihrer Expertise. Allein der Gedanke, dass es hier um seine Zweifel und Ängste und nicht um Ihre geht, hilft oft schon sehr. Denn wenn Sie die Kontrolle nicht auf sich beziehen, können Sie vielleicht sogar ein wenig darüber schmunzeln und sich freuen, dass der andere genauso wenig perfekt ist wie Sie.

Zu guter Letzt: Überprüfen Sie, an welche Person(en) Sie Ihr Chef so schmerzlich erinnert. Gehen Sie gedanklich in typische Situationen, in denen Sie zu viel Kontrolle empfunden haben. Schließen Sie Ihren inneren Frieden damit. Sie sind jetzt groß und für sich selbst verantwortlich. Stark kontrollierende Eltern haben beispielsweise oft aus Angst gehandelt. Kontrollierende Lehrer wollten, dass Sie nicht in der Schule abstürzen, und kontrollierende Trainer oder Freizeitbetreuer tragen oft einen hohen Erfolgsdruck oder eine hohe Verantwortung. Das ist alles sehr menschlich. Je mehr Sie hier verzeihen können, und wenn Ihnen die Verhaltensweisen noch so zuwider sind, umso leichter können Sie sich aus der Falle befreien, dass jemand bei Ihnen einen „Knopf aktiviert". Allein dafür wäre das Verzeihen und Aussöhnen mit der Vergangenheit schon sinnvoll.

Auf den Punkt gebracht

Geben Sie dem Mikromanager viele kleine Rückmeldungen und Hintergrundinformationen, um Vertrauen aufzubauen. Finden Sie Ihren wunden Kontrollpunkt und lassen Sie diesen mit Vergeben los. „Tunen" Sie Ihr Selbstvertrauen, um seine Kontrolle nicht auf sich selbst zu beziehen, sondern bei ihm zu lassen.

Typ 2: Die Krawallschleuder mit dem Launisch-Gen

Woran Sie ihn erkennen

Der Chef vom Typ Krawallschleuder ist cholerisch und launisch. Er kann zwar auch freundlich sein, hält Menschen aber immer auf Distanz und lässt sich wenig in die Karten schauen. Er wird häufig laut, ist aufbrausend und kann wegen gefühlter Kleinigkeiten auf die Palme gehen. Manchmal äußert er seinen Unmut aber auch vorgespielt ruhig und trotzdem verletzend. Meist ist er ein schlechter Zuhörer und macht andere nieder, nicht selten vor versammelter Mannschaft.

> *Stefan Bratzler sitzt im Projektmeeting mit einigen Teammitgliedern. Das Projekt stockt an einigen Stellen. Man diskutiert, wie es zu diesem Stillstand kommen konnte, da knallt Stefan seinen Laptop auf den Tisch und fährt seine Mitarbeiterin Andrea Sandelhorst an: „Was ist denn das für ein Zoo hier? Seit Wochen geht ihr hier vor wie die letzten Dilettanten. Sie lassen den notwendigen Nachdruck schwer vermissen, liebe Frau Sandelhorst." Bevor Andrea Sandelhorst kontern kann, fällt er ihr ins Wort und wendet sich zu der Kollegin des Finanzbereichs: „Und wenn ihr nicht langsam mal eure Zahlen zusammenbekommt, können wir das ganze Projekt einsargen. Ich verstehe nicht, was daran so schwer ist." Stefan Bratzler steht auf und verlässt, bevor jemand reagieren kann, den Raum mit dem Satz: „Kriegt mal euren Job auf die Reihe, sonst verschwende ich hier keine Zeit mehr."*

In seinem Büro wartet schon sein Mitarbeiter Martin Bens-
mann. Er präsentiert ihm seinen Vorschlag für eine Op-
timierung von Prozessen zwischen dem Innen- und dem
Außendienst. Nach nur zwei Sätzen unterbricht ihn Stefan
Bratzler: „Mit diesem Kuschelkurs kommen wir nirgend-
wohin. Das können Sie gleich wieder mitnehmen. Wir sind
doch nicht die soziale Notrufnummer für unfähige Außen-
dienstler. Machen Sie das noch mal neu, so wird das nichts.
Und dem Außendienst werde ich jetzt erst mal einen Tritt
verpassen." Martin Bensmann setzt gerade zum Reden an,
da sagt Stefan Bratzler: „Gut jetzt, wir haben schon ge-
nug Zeit mit diesem Quatsch verplempert." Mit einem Blick
auf seinen Schreibtisch ergänzt er: „Schicken Sie mir beim
Rausgehen meine Sekretärin rein. Die rafft es auch nicht,
dass sie mir diese nervende Agentur vom Hals halten soll."
Martin Bensmann ist innerlich geladen. Mal abgesehen von
diesem unflätigen Verhalten seines Chefs, er ist doch nicht
das Sekretariat für das Sekretariat.

Was oft dahintersteckt!

Häufige Grundgefühle dieses cholerischen Chef-Typs sind
Unsicherheit bis hin zu Hilflosigkeit und Ohnmacht. Nicht
selten ist er mit seiner Rolle überfordert und leidet sogar an
Versagensängsten, fühlt sich also ohnmächtig im Hinblick
auf seine Aufgabe. Aber auch um sein Selbstvertrauen ist
es oft nicht gut bestellt. Dann resultiert seine Ohnmacht aus
einem Gefühl von Unterlegenheit gegenüber anderen. Er
fürchtet in diesem Fall Menschen auf Augenhöhe, denn sie
könnten seinen Unsicherheiten und Defiziten auf die Schliche kommen. Daher versucht er massiv, andere Menschen
kleinzuhalten, frei nach dem Motto: „Alles, was ich nicht

kann oder habe, dürfen andere auch nicht haben." Dabei zögert er auch nicht, wichtige Informationen zurückzuhalten, um andere schlecht dastehen zu lassen.

Seine Distanziertheit hat ihren Ursprung im Gegensatz zur Distanziertheit des Emotionslegasthenikers nicht in der Angst vor persönlicher Ablehnung durch andere, sondern in der Angst, nicht als Boss anerkannt zu werden. Er hört schlecht zu, um andere auf Abstand zu halten, nicht wie beim Checker, der auf Durchzug stellt, weil er innerlich so festgefahren ist und bereits resigniert hat.

Häufig hat der Chef vom Typ Krawallschleuder in jungen Jahren selbst Unterdrückung oder das Gefühl erfahren, nicht gut genug zu sein, und rächt sich jetzt quasi. In seinem Elternhaus oder in der Schule wurde eventuell massiver Druck aufgebaut, dem er sich nicht gewachsen fühlte. Dann wird seine Ohnmacht zum Dauerzustand, aus dem er sich nur befreien kann, indem er sich über andere stellt. Wichtige Bezugspersonen (nicht selten Väter, sorry Männer) haben ihm vielleicht das unschöne Gefühl vermittelt, klein und unterlegen zu sein. Und so sieht er in vielen Menschen zunächst einmal Feinde. Wenn der Feind vor uns steht, haben wir drei Optionen: Flucht, Totstellen oder Angriff. Er entscheidet sich immer wieder für die Flucht nach vorn, also den Angriff. Mut hat er also. Manchmal flüchtet er auch nach hinten, wenn er beispielsweise einen Raum demonstrativ verlässt. Totstellen, das weiß er, hilft im Business nicht. Das würde auf Dauer auffallen und zum Rauswurf führen.

Typische Glaubenssätze der Krawallschleuder sind:

- „Ich bin nicht gut genug."
- „Hoffentlich gräbt mir keiner das Wasser ab."

- „Hoffentlich ist denen klar, wer hier der Chef ist."

- „Hoffentlich merkt keiner, wie schwach ich mich hier und da fühle."

Welche Geschichte könnte Ihren Chef dazu gebracht haben, derart auf Angriff zu setzen? Und wogegen möchte er sich mit diesem Angriffsverhalten verteidigen? Wovor hat er Angst? Mit dem Verständnis dafür können Sie, auch wenn er Sie wütend macht, klüger reagieren als mit der Faust in der Tasche oder mit einem Gegenangriff.

Warum reagiere ich so empfindlich auf diesen Typ Chef?

Zunächst einmal reagiert jeder Mensch irgendwie auf diesen cholerischen Chef-Typ, denn wir alle wollen gerne mit anderen auf Augenhöhe oder sogar etwas über Augenhöhe sein. Ungern fühlen wir uns unterlegen und vor allem nehmen wir das Verhalten des Cholerikers als wenig wertschätzend wahr. Oft fühlen wir uns als Person regelrecht verachtet.

Auch wenn ich selbst ein launischer Typ bin, laufe ich Gefahr, mit diesem Chef besondere Probleme zu haben, vor allem wenn ich die Gabe besitze, meine Launen mit denen des Chefs inhaltlich und/oder zeitlich zu synchronisieren. Dann trifft nämlich Aggression auf Aggression, was oft in Eskalation endet.

Am besten können diejenigen Menschen mit dem Chef-Typ Krawallschleuder umgehen, die in sich ruhen und voller Selbstvertrauen sind. Besonders schlecht schaffen es im Gegenzug diejenigen, die wenig Selbstvertrauen haben, die sich selbst klein und unterlegen fühlen. Diese Menschen sind dem Vorgesetzten dann qua Hierarchie hoffnungslos ausgeliefert. Gefühlt laufen sie ohnehin schon nicht aufrecht durchs Leben. Und dann kriegen sie täglich noch eins auf den Deckel.

Besonders hart trifft mich dieser Typ Chef, wenn ich in der Vergangenheit einer cholerischen und launischen Bezugsperson in Form von Vater, Mutter, Lehrer oder Trainer ausgesetzt war. Dann werden ganz viele unschöne Erinnerungen wach, auf die ich liebend gerne verzichten könnte.

> Welche Gefühle lösen die Launen und Aggressionen der Krawallschleuder bei Ihnen aus? Versuchen Sie, diese möglichst konkret wahrzunehmen, z.B. Wut, Ausgeliefertsein, Ohnmacht etc. An wen erinnert er mit diesem Verhalten? Nehmen Sie zunächst einfach nur wahr, ohne zu bewerten.

Was Sie ihm geben sollten

Viele Menschen reagieren mit extrem starken Emotionen wie Wut, Verachtung oder massiver Hilflosigkeit auf diesen so unberechenbaren Typ Chef. Dadurch fällt es besonders schwer, einen kühlen Kopf zu bewahren, das Verhalten des anderen an sich abprallen zu lassen oder gar den Ehrgeiz zu entwickeln, das eigene Verhalten zu verändern. Das Gefühl, ungerecht und wenig wertschätzend behandelt zu werden, ist zu massiv.

Grundsätzlich braucht dieser Vorgesetzte aufgrund seines Unterlegenheitsgefühls besonders viel Loyalität und Rückendeckung von seinen Mitarbeitern. Er schafft sich das ihm so massiv fehlende Gefühl von Augenhöhe durch Aggressionen und Unberechenbarkeit, welche die Mitarbeiter auf Distanz halten. Sorgen Sie daher ebenso für eine gesunde Distanz, indem Sie ihm wenig Persönliches erzählen und ihn auch wenig Persönliches fragen. Er könnte damit ohnehin nicht gut umgehen. Der von Ihnen gewünschte Effekt, z. B. durch private Geschichten mehr Nähe herzustellen, wird eher noch mehr Distanz und sogar Argwohn hervorrufen.

Auch das Hinterfragen seiner Entscheidungen oder Anweisungen sollten Sie zunächst vorsichtig angehen. Erst wenn er das Vertrauen hat, dass Sie ihm nicht in den Rücken fallen oder an seinem Stuhl sägen, haben Sie eine Chance, die Beziehung zu diesem Vorgesetzten persönlicher zu gestalten und auch einmal Kritik zu äußern. Achten Sie darauf, dass Sie diese Kritik eher als Fragen formulieren im Sinne von: „Was hältst du davon, wenn wir es so machen?" Dann fühlt er sich nicht hinterfragt, sondern empfindet es als Frage nach seiner Expertise und Entscheidung. Das ist nicht einfach, weil sie ihn durch Fragen gefühlt noch höher heben, als er sich selbst schon aufstellt, am Ende zahlt es sich aber aus. Vermeiden Sie es jedoch, ihm zu viel Kontra zu geben. Dies bestärkt ihn in seiner Aggression. Druck erzeugt immer Gegendruck.

Hieraus ergibt sich ein weiterer Punkt, nämlich der, dass Sie ihm immer deutlich das Gefühl geben sollten, dass er der Chef ist. Er muss die Hierarchie ganz klar spüren, um sich sicher zu fühlen.

Worte und Sätze, die er sicher gerne aus Ihrem Mund hört und die Sie bewusst verwenden können, sind:
- „Das ist deine Entscheidung."
- „Hier brauche ich mal deine Expertise."
- „Was meinst du dazu?"
- „Ich möchte, dass dein Bereich gut dasteht."
- „Wenn wir es so machen, erreichst du dein Ziel schneller und effizienter."

Worte und Sätze, die Sie vermeiden sollten, sind:
- „Wenn ich du wäre, würde ich …"
- „Das halte ich für falsch."

Im Fall eines akuten Wutausbruchs ist es empfehlenswert, diesen an sich abprallen zu lassen und nicht mit Abwehr zu reagieren, denn in diesem Augenblick ist er für Argumente ohnehin nicht zugänglich.

Wenn Sie den Wunsch verspüren, Kritik anzubringen, suchen Sie dafür einen passenden Moment aus, das heißt unter vier Augen und wenn seine Laune gut oder zumindest nicht schlecht ist. Dann hört er sich Ihre Argumente am ehesten an. Lassen Sie ihn dabei unbedingt mithilfe der oben erwähnten Satzbeispiele gesichtswahrend aus der Situation gehen.

Es kostet sicher ein bisschen Mühe, über den eigenen Schatten zu springen und den Chef auf einen kleinen Sockel zu stellen. Fakt ist: Wenn Sie ihn nicht auf den Sockel stellen, macht er es wieder selbst, und wie er das macht, erleben Sie ja tagtäglich. Je mehr Sie ihm das Gefühl geben, der Boss zu sein, umso weniger muss er sich an Ihnen abarbeiten.

Wie kann ich mich ihm gegenüber anders aufstellen?

Wenn Ihr Chef seine Launen und Aggressionen zum Besten gibt, denken Sie sich innerlich aus der Situation heraus. Sie können sich beispielsweise in die Vogelperspektive begeben und von außen auf das Geschehen schauen. Dabei können Sie sich die Frage stellen: „Was hat ihn denn emotional gerade wieder bewegt, dass er so reagiert? Wie fühlt er sich wohl gerade?" Das ist wesentlich hilfreicher, als ihn für sein Verhalten zu verurteilen oder zu verachten. Manchmal tut einem der Chef dann fast schon leid und das wiederum schafft Augenhöhe. Sie fühlen sich dann nicht mehr klein und unterlegen, sondern eher überlegen, weil Sie verstehen, was er selbst sicher nicht versteht und vielleicht sogar seine innere Ohnmacht spüren.

Überprüfen Sie, an welche launischen oder cholerischen Person(en) Ihr Chef Sie erinnert. Oft haben wir cholerische Väter, Mütter, die scheinbar grundlos schreien, oder aggressive Trainer und Lehrer als Auslöser unserer Ablehnung. Sollte hier eine Erinnerung wach werden, schließen Sie mit diesen Personen Ihren inneren Frieden. Vielleicht können Sie den Personen sogar verzeihen, jetzt, wo Sie wissen, dass oft Hilflosigkeit, Überforderung und Angst hinter solchen Verhaltensweisen stecken. Seien Sie Ihrem Chef doch einfach dankbar, dass er Sie daran erinnert, dass es an der Zeit ist, diese Altlasten loszulassen.

Oder seien Sie ihm dankbar dafür, dass er Sie daran erinnert, dass Sie an Ihrem Selbstbewusstsein, Selbstvertrauen und Selbstwert arbeiten sollten. Denn wenn Sie sich klein und unterlegen oder sogar minderwertig fühlen, dann gibt es an diesen Themen immer etwas zu basteln, ansonsten würden Sie die Aggressionen an sich abtropfen lassen können.

Auf den Punkt gebracht

Geben Sie der Krawallschleuder das Gefühl, der Boss zu sein, und wählen Sie für Persönliches und für Kritik oder herausfordernde Gespräche einen passenden Moment mit guter oder neutraler Stimmung. Finden Sie den Grund, warum Sie die Launen und Aggressionen nicht an sich abfließen lassen können. Betrachten Sie Ihren Chef als Lernaufgabe.

Typ 3: Der Emotionslegastheniker ohne Kommunikations-Gen

Der Emotionslegastheniker ist oft sehr distanziert und kommuniziert wenig, vor allem nichts Persönliches. Wenn er kommuniziert, dann eher kurz und knapp, sodass seine Anweisungen häufig unklar oder ungenau sind oder Informationen komplett fehlen. Direkter Blickkontakt, Humor und Lachen fallen ihm schwer. Oft verschanzt er sich hinter seinem Smartphone oder Computer, hat wenig Zeit für seine Mitarbeiter und wirkt an Menschen desinteressiert. Mitarbeiter beschreiben ihn als nicht empathisch, wenig wertschätzend und schwer zu greifen. Im Gegensatz zur Krawallschleuder zeigt sich seine Distanziertheit nicht in Aggression, sondern eher in Abschottung nach außen.

Constantin Meyering betritt das Büro, tief versunken in sein Smartphone. Am Büro seiner Mitarbeiter angekommen, grummelt er ein kaum vernehmbares „Guten Morgen" in seinen Bart. Dass seine Mitarbeiter wieder hinter vorgehaltener Hand über ihn tuscheln, nimmt er nicht wahr. Sein Mitarbeiter Markus Leininger klopft später zaghaft an Constantin Meyerings Tür. „Hast du eine Minute?" „Eigentlich nicht so wirklich, aber wenn es sein muss." Voller Stolz fährt Markus fort: „Ich habe endlich die Lösung zu dem Problem mit den falschen Zahlen im Report, an dem wir so lange herumgebastelt haben." Constantin Meyering reagiert zunächst nicht, starrt in seinen Computer und fragt, ohne Markus anzusehen: „Und?" Markus Leininger fährt überschwänglich damit fort, die Lösung und deren Entstehung zu erzählen. Constantin Meyering starrt weiterhin auf seinen Computer und sein Smartphone, beantwortet parallel zwei Mails. Als Markus mit seinen Ausführungen fertig ist, sagt Constantin zu ihm: „Prima, dann ist das Thema ja gelöst." Markus Leininger fährt freudig fort, dass die von dem Problem betroffene Mitarbeiterin ihm als Dank eine Schachtel Pralinen geschenkt habe. Er holt sie hervor und bietet Markus eine Praline an, der ohne eine Mine zu verziehen dankend ablehnt.

Als Markus das Büro verlässt, ruft Constantin ihm hinterher: „Ach, im Bereich von Herrn Heinig gibt es ein ähnliches Problem. Das kannst du ja vielleicht auch noch lösen." Markus kennt die Thematik nicht und fragt: „Was genau ist da das Problem?" „Wird er dir schon erzählen …", antwortet Constantin und versinkt wieder in seinen Mails. Markus ist verzweifelt und denkt: „Den interessiert das überhaupt nicht, was ich mache. Wenn er wenigstens mal die Zähne auseinanderkriegen würde, aber nichts. Jetzt kann ich mir sämtliche Informationen wieder irgendwo zusammensuchen. Wie ineffizient!"

Was oft dahintersteckt

Der Kommunikationslegastheniker ist häufig ein sehr unsicherer Typ mit einer großen Angst vor Menschen und Angst vor persönlicher Ablehnung. Im Gegensatz zur Krawallschleuder geht es ihm nicht primär darum, als Boss anerkannt zu werden, sondern vielmehr als Mensch. Daher hält er den Kontakt zu anderen Menschen, der im Berufsumfeld nun einmal über Kommunikation erfolgt, möglichst knapp. Denn durch Kommunikation bietet er Angriffsfläche, hier kann Unvorhersehbares passieren, und das würde seine Unsicherheit verstärken. Er weicht dem Blickkontakt aus und verschanzt sich daher hinter Geräten und Smartphones. Informationen hält er im Gegensatz zur Krawallschleuder nicht mutwillig zurück, sondern um Gespräche abzukürzen und verunsichernde Nachfragen zu vermeiden.

Nur wenige Menschen kommen überhaupt an diesen Typ Mensch heran, sie haben sich sein Vertrauen mühselig erarbeitet. Das Gefühl, vertrauen zu können, ist dem Emotionslegastheniker oft fremd. Nur ganz selten ist die kommunikative Unfähigkeit wirklich „angeboren" ohne dahinterliegende Ängste und Unsicherheiten. Emotional ist dieser Typ Mensch meist sehr feinfühlig, und zwar derart, dass er Angst vor seinen eigenen Emotionen hat.

Die Gründe für seine fehlenden Fähigkeiten können sehr vielschichtig sein. Vielleicht war er als Kind ein zurückgezogener Einzelgänger und hat so Kommunikation nicht gelernt. Vielleicht ist er sogar gemobbt oder emotional massiv verletzt worden, sodass er aufgehört hat, zu vertrauen und sich zu öffnen. Auch eine ständige Kritik an seiner Ausdrucksweise oder an fehlendem Augenkontakt oder fehlender Körpersprache kann genau diese Themen manifestiert haben, da der Fokus ständig auf seine emotionalen Unzulänglichkeiten gerichtet wurde.

Häufige Glaubenssätze des Kommunikations- und Emotions-legasthenikers sind:

- „Ich kann nicht gut mit anderen Menschen."

- „Traue niemandem!"

- „Hoffentlich werde ich als Mensch ernst genommen."

- „Hoffentlich merkt keiner meine Schwachstellen."

Sie ähneln in Teilen denen der Krawallschleuder, nur der Kompensationsmechanismus geht von Angriff auf Flucht.

> *Welches Erlebnis mit anderen Menschen könnte Ihren Chef in einen derartigen emotionalen Rückzug gebracht haben? Wovor hat er Angst, dass er so zumacht? Oder hat er das Kommunizieren einfach nicht besser gelernt? Vielleicht können Sie ein wenig Mitgefühl für seine Isolation aufbringen.*

Warum reagiere ich so empfindlich auf diesen Typ Chef?

Durch sein passives und ablehnend wirkendes Verhalten ruft dieser Chef-Typ bei den meisten Mitarbeitern das Gefühl hervor, ausgegrenzt zu sein und nicht wahrgenommen zu werden. Und da Zugehörigkeit ein Grundbedürfnis ist, stört uns Ablehnung oder Ausgrenzung besonders.

Wenn ich nun selbst ein sehr kommunikativer Mensch bin, verstärkt sich dieses Problem noch, da meine Kommunikation quasi ständig gegen eine Wand läuft. Das löst in vielen Menschen regelrechte Wut aus, nicht gehört zu werden. Auch empfinden kommunikativere Menschen ihre Kommunikationsfähigkeit als große Kompetenz und somit nehmen sie den kommunikativ Unfähigen als inkompetent wahr.

Am besten können Kommunikations- und Emotionslegastheniker unter ihresgleichen miteinander umgehen. Sie haben ein Grundverständnis füreinander und kommen mit wenigen Worten aus. Als kommunikativerer Mitarbeiter fühle ich mich dann noch mehr ausgegrenzt, wenn die „Nerds" plötzlich reden – und dann nur unter sich.

Besonders kämpfe ich mit diesem Chef-Typ, wenn ich in der Vergangenheit ausgegrenzt oder nicht beachtet wurde. Oft trage ich dann ein Grundgefühl von Einsamkeit in mir. Wurde ich beispielsweise in der Schule gemobbt oder gehörte ich irgendwie nicht dazu, wird dieser Knopf wieder aktiviert. Auch bestimmte Geschwisterkonstellationen können hier eine Rolle spielen, z. B. wenn ich im Schatten eines erfolgreichen oder besonders problematischen Geschwisterkindes stand und ungleich weniger Aufmerksamkeit bekommen habe.

Auch wenn ich ein Mensch bin, der Situationen gerne kontrolliert, kann dieser Typ Chef, der so schwer greifbar und irgendwie intransparent ist, eine große Unsicherheit bis hin zu Panik in mir auslösen. Ich kann ihn nicht greifen, weiß nicht, was er denkt, und halte ihn für unberechenbar. Da wäre es mir fast schon lieber, ich hätte eine Krawallschleuder als Chef, denn da wäre ich sicher, dass er laut wird. Das ist planbar.

Beobachten Sie, welches Gefühl der Kommunikations-
und Emotionslegastheniker bei Ihnen auslöst. Einsamkeit, Unsicherheit, Wut, Panik? Woher kennen Sie diese Gefühle, vielleicht aus Ihrer Familie oder aus dem
Freundeskreis? Nehmen Sie die Emotionen wahr, ohne
zu bewerten.

Was Sie ihm geben sollten

Der Kommunikations- und Emotionslegastheniker braucht
genau wie die beiden ersten Chef-Typen sehr viel Zeit, um
Vertrauen aufzubauen. Dies ist allen dreien gemeinsam,
was wohl an einer einfachen, immer wieder beobachtbaren
Gesetzmäßigkeit liegt: Je weniger wir uns selbst vertrauen,
umso schwerer fällt uns Vertrauen nach außen. Da den Emotionslegastheniker jede Kommunikation sehr stark fordert,
empfiehlt es sich, die Kommunikation mit ihm kurz und
knapp zu halten, gerne auch stichpunkt- oder stakkatoartig
und auf Zuruf zwischen Tür und Angel. Je mehr er merkt,
dass Sie sich auf seine Art zu kommunizieren einlassen,
umso mehr fühlt er sich verstanden und kann sich öffnen.
Es ist immer wieder verblüffend, wie gut wir mit Menschen
auf einmal klarkommen, wenn wir sie ein wenig spiegeln.

Stellen Sie Fragen nur, wenn diese unbedingt nötig sind, da
er sich sonst schnell in die Zange genommen fühlt. Dosieren
Sie quasi tröpfchenweise: Erhöhen Sie Stück für Stück die
Anzahl Ihrer Worte, streuen Sie vorsichtig einige einfache
Fragen ein und zeigen Sie nach und nach erste unverfäng-
liche Emotionen, z. B. Freude über ein erfolgreiches Pro-

jekt. Erwarten Sie keine unmittelbare Reaktion, denn dafür braucht dieser Typ Chef etwas Verarbeitungszeit. Wenn Sie also die inhaltliche und zeitliche Dosierung Ihrer Kommunikation langsam erhöhen, kann es sinnvoll sein, danach den Raum zu verlassen und Ihrem Chef Zeit zu geben, sich innerlich darauf einzulassen und Ihr Gesagtes in seinem Tempo zu verarbeiten.

Auch eine gesunde Portion Humor kann sehr hilfreich sein, denn beim gemeinsamen Lachen über Dinge entsteht auch Vertrauen. Allerdings lacht dieser Chef-Typ ungern über sich selbst. Wählen Sie also unverfängliche Themen zum Lachen.

> Worte und Sätze, die er sicher gerne aus Ihrem Mund hört und die Sie bewusst verwenden können, sind:
> - „Klar, mache ich."
> - „Gibt es von deiner Seite noch Fragen/Anmerkungen?"
> - „Alles im grünen Bereich."
>
> Worte und Sätze, die Sie anfangs vermeiden sollten, sind:
> - Offene Fragen wie: „Wie stellst du dir das konkret vor?"
> - Lange Monologe

Je mehr Sie sich das Vertrauen dieses Vorgesetzten erarbeitet haben, umso mehr werden Sie mit ihm kommunizieren können. Was Sie allerdings unbedingt vermeiden sollten, sind zu viele aneinandergereihte Fragen oder lange verschachtelte Sätze. Sie werden hier nur mit knapper Kommunikation weiterkommen, denn dann bleiben Sie in seiner Welt. Vor allem den Frauen unter Ihnen sei dieser Tipp ans Herz gelegt: Gehen Sie auf Wort-Diät: Subjekt, Prädikat, Objekt genügen. Sie überfordern Ihren Chef sonst komplett.

Wie kann ich mich ihm gegenüber anders aufstellen?

Betrachten Sie den Umgang mit diesem Typ Chef doch einfach mal als eine Art Spiel, indem Sie versuchen, ihn sukzessiv zu mehr Kommunikation und vor allem Vertrauen zu bringen. Dann können Sie sein Schweigen mit mehr Leichtigkeit ertragen.

Überprüfen Sie, in welche Emotion dieser Typ Chef Sie bringt. Kämpfen Sie mit Unsicherheit oder sogar Panik, weil Sie die Kontrolle über die Situation nicht haben, dann richten Sie Ihren Fokus wiederum auf den Gedanken des Spiels, in welchem Sie durch Ihre Verhaltensänderungen Stück für Stück Kontrolle zurückgewinnen können. Oder sehen Sie es als Lernaufgabe, bei der Sie erfahren, dass es in Ordnung ist, auch mal nicht die Kontrolle zu haben. Denn dieser Chef-Typ agiert normalerweise nicht gegen Sie, es kann Ihnen also nicht viel passieren.

Wenn Sie ob seines Verhaltens eher Wut oder Einsamkeit verspüren, reflektieren Sie, ob es dazu eine Geschichte in Ihrem Leben gibt, bei der diese Emotionen ähnlich waren. Es kann hilfreich sein, mit dieser Geschichte Frieden zu schließen. Ihr Chef fungiert dann einfach nur als freundliche Erinnerung, dass es da noch etwas aufzuarbeiten gibt.

Sie können den Emotions- und Kommunikationslegastheniker auch als Effizienz-Lehrer betrachten. Denn er verschwendet keine Zeit in langen Mails oder Konversationen. Wenn Sie ihn dazu bringen, die wesentlichen Informationen zu teilen, können Sie sehr zeitsparend arbeiten. Sie müssen diesen Menschen definitiv nicht heiraten oder eine WG mit ihm gründen, konzentrieren Sie sich also auf das, was Sie von ihm lernen können.

Auf den Punkt gebracht

Kommunizieren Sie knapp mit dem Kommunikations- und Emotionslegastheniker und gewinnen Sie Stück für Stück sein Vertrauen. Betrachten Sie Ihn als Effizienz-Lehrer.

Typ 4: Der Dauerchallenger mit dem Nimmersatt-Gen

Der Dauerchallenger hat oft sehr große Visionen, die teilweise fast schon realitätsfern sind. Er denkt konstant in „größer, schneller, weiter und besser" und hat extrem hohe Erwartungen an seine Mitarbeiter. Er ist gedanklich sehr schnell und verliert andere bei seinem Tempo. Manchmal wird er dabei ungeduldig. Oft wirft er seinen Mitarbeitern eine herausfordernde Aufgabe mit wenigen Worten vor die Füße, nicht weil er wie der Kommunikationslegastheniker wortkarg ist, sondern weil er glaubt, dass alle so schnell denken wie er und sofort verstehen, worauf er hinaus will. Egal, was Sie ihm liefern, er hinterfragt alles und ständig und möchte mehr.

Christina Sperling (45 Jahre alt) ist Mitarbeiterin in einem Technologiekonzern. Seit zwei Monaten hat sie eine neue Vorgesetzte: Benita Zenker, gerade 27 Jahre alt. Vor wenigen Wochen hat Benita die neuen Ziele und Strategien kommuniziert und jeden Mitarbeiter gebeten, für seinen Bereich einen Vorschlag zu entwickeln, wie diese Ziele erreicht und vor allem übertroffen werden können. Christina hat tagelang gebrütet und präsentiert ihren Plan begeistert ihrer Chefin. Diese reagiert zögerlich und kommentiert: „Das ist mir noch nicht groß genug gedacht. Da braucht nur eine Kleinigkeit dazwischenzukommen und der Innovationsvorsprung ist dahin. Ich möchte eine Idee, die weitreichender ist, die perfekter und nachhaltiger arbeitet. Surprise me, Christina. Da geht noch mehr." Christina ist enttäuscht. Sie versteht vor allem dieses generelle und in ihren Augen jugendlich weltfremde Feedback nicht. Daher fragt sie nach: „Wie meinst du das: Da geht noch mehr?" Benita antwortet: „Na ja, das frage ich dich! Es muss einfach komplett out of the box sein, komplett anders als jeder Wettbewerber, bahnbrechender." Christina fand ihre Idee bahnbrechend und kann mit diesem unkonkreten Feedback wenig anfangen. Sie denkt: „In welcher Welt lebt diese Benita denn bloß? Die sollte mal draußen in die Geschäfte gehen und mit Kunden reden, damit sie versteht, dass ihre Vorstellungen illusorisch sind. Erwachsen soll sie mal werden." Benita gerät zum Thema bahnbrechend ins Schwelgen: „Ich möchte, dass meine Marke die erste ist, die Kunden in den Sinn kommt, dass alle die Marke gerne ihren Freunden und Bekannten weiterempfehlen und bereit sind, den hohen Preis zu zahlen, weil das Produkt es einfach wert ist. Ich möchte, dass der Handel sich um die Marke reißt." Ihr Monolog hält noch eine Weile an. Christina kommt nicht mehr mit, erfährt auch nichts fundamental Neues außer großen abgehobenen Visionen. Sie schlägt noch kurz eine

> *Promotion-Idee vor, die sie sich ausgedacht hat, und erntet sogleich vier weitere Fragen von Benita: „Meinst du, dass du so das Ziel erreichst? Ist der Preis hoch genug? Und die Mengen? Wie können wir das Motiv noch einzigartiger machen?" Christina fühlt sich wie überrollt und verlässt demotiviert das Büro von Benita.*

Was oft dahintersteckt

Den Dauerchallenger finden wir meistens in der jüngeren Generation. Diese Generationen Y und Z haben gelernt, dass alles möglich ist, wenn sie nur wollen. Sie möchten gestalten und haben ein anderes Selbstverständnis als die älteren Generationen, die oft mehr in Limitationen denken oder einfach schon viele Pleiten oder Einschränkungen in ihren Möglichkeiten erlebt haben. Hier prallt dann jugendlicher Enthusiasmus (zum Glück gibt es diesen) auf Resignation (leider nicht Realismus) oder einfach nur auf ein Stück mehr Lebenserfahrung (was sehr hilfreich sein kann, wenn sie nicht mit dem erhobenen Zeigefinger verkündet wird).

Für Unternehmen ist diese Konstellation aus Jung und Alt oft sehr gesund, solange sich die Generationen positiv aneinander reiben. Schwierig wird es, wenn eine der beiden Seiten oder sogar beide Seiten gegenüber der anderen Generation „zumachen" und diese nicht ernst nehmen.

Es gibt allerdings generationenunabhängig zwei Formen von Dauerchallengern, die herausfordernder sind. Die erste Form ist der Perfektionist, der ständig meint, alles noch besser machen zu müssen. Er stellt alles infrage, hat oft als Kind gelernt, nie gut genug zu sein. Er setzt sich selbst massiv unter

Druck und kann innerlich nie zufrieden sein. Er findet immer ein „Ja, aber …". Dieses Defizit-Denken ist von Kindesbeinen an gelernt, meist von seinen Eltern vorgelebt. Oder dieser Chef-Typ hat gelernt, dass Anerkennung seitens der Eltern oder auch von Trainern nur durch viel Leistung entsteht. Nicht selten kommt er aus dem Leistungssport und erwartet von anderen die gleiche Akribie, bedingungslose Zielstrebigkeit und ein ständiges Hinterfragen des Status quo.

Die zweite Variante ist der absolute Überflieger, der so schnell und klug denkt, dass er andere verliert. Oft hat dieser Typ Chef herausragende Abschlüsse hingelegt, in vielen Fällen ein Doppelstudium mit Prädikatsexamen und schon eine beträchtliche Erfolgshistorie in jungen Jahren. Er ist vom Erfolg verwöhnt und ständig auf der Überholspur. Er zeichnet sich durch eine hohe Ungeduld aus, vor allem wenn andere ihm nicht schnell genug folgen können. Seine Grundwerte sind Dynamik, Geschwindigkeit und Herausforderung. Wenn andere nicht mehr weiter wissen, läuft dieser oft hyperintelligente Mensch zur Höchstform auf. Vorher war ihm eigentlich eher langweilig. Er kommuniziert wie der Emotionslegastheniker auch kurz und knapp, aber nicht aus Angst vor Menschen, sondern weil er eben davon ausgeht, dass andere genauso schnell denken wie er.

Häufige Glaubenssätze dieses Chef-Typs sind:

- „Alles ist steigerungsfähig."
- „Ich muss alles perfekt machen."
- „Gas ist rechts."
- „Alles ist möglich."

- „Ich bin nicht gut genug."

- „Geht nicht gibt's nicht."

Welchen Hintergrund hat Ihr Chef: Ist er ein Überflieger, ein junger Dynamischer oder ein massiver Defizit-Denker, der sich ständig selbst kritisiert? Wenn Sie den Hintergrund verstehen, können Sie sein Verhalten besser nachempfinden.

Warum reagiere ich so empfindlich auf diesen Typ Chef?

Der Dauerchallenger strengt seine Mitarbeiter extrem an, denn er ist nie zufrieden. Wer hier kein ausgeprägtes Selbstbewusstsein hat, zweifelt schnell an sich und seinen Fähigkeiten, da man es diesem Chef-Typ eigentlich nie recht machen kann. Fragen Sie sich also zuerst, ob Sie sich selbst gut genug finden. Wenn Sie an sich zweifeln, wird jede seiner Aussagen diese Zweifel verstärken.

Wenn Sie die gleichen Werte haben wie Ihr Vorgesetzter, also zum Beispiel einen hohen Perfektionismus, eine hohe Geschwindigkeit oder den Glaubenssatz, dass es immer noch besser geht, trifft Sie sein Verhalten an einem wunden Punkt, denn er stößt Sie dauernd auf Ihre eigenen Marotten. Denn ganz ehrlich: Perfektion ist illusorisch, nichts ist jemals perfekt. Wir befinden uns bei Perfektion oder dem ständigen Gefühl, noch besser sein zu müssen, in einem emotionalen Hamsterrad, was nun durch den Chef noch schneller gedreht wird als durch unser eigenes Laufen.

Oft löst dieser Chef-Typ auch ein Gefühl von Unterlegenheit aus, sei es, weil Sie sich nicht mehr jung und dynamisch genug fühlen (vielleicht hadern Sie mit Ihrem Alter), sei es, weil Sie innerlich ein wenig neidisch auf die junge Generation und deren Leichtigkeit sind. Ich beobachte oft, dass ältere Mitarbeiter die jungen Chefs regelrecht für deren Blindheit, deren Aktionismus etc. verurteilen. Hinter dieser starken Verurteilung steckt häufig Neid. Dies kann Neid sein, weil der andere schneller und smarter denkt, Neid, weil er einfach noch fitter und leistungsfähiger ist, Neid, weil er weniger in Konventionen gefangen ist etc. Der Dauerchallenger führt uns dann sehr brutal vor Augen, wie desillusioniert wir vom Leben vielleicht sind und dass sich unser Fokus auf Limitationen statt auf Möglichkeiten verschoben hat. Zeit, diesen Fokus zu überdenken.

Haben Sie als Kind oft gehört, nicht gut genug zu sein? Von Lehrern, Trainern, Eltern? Dann dürfte dieser Chef Sie an die Grenze des Wahnsinns bringen. Er erinnert Sie an unverarbeitete Bezugspersonen aus Ihrer Vergangenheit. Es könnte an der Zeit sein, diese loszulassen.

Am besten kommt der Dauerchallenger natürlich mit ähnlich denkenden Mitarbeitern klar. Da können sich regelrechte rhetorische Wettstreite entwickeln, die oft zu sehr kreativen Ergebnissen führen.

Beobachten Sie, welches Gefühl der Dauerchallenger bei Ihnen auslöst. Unzulänglichkeit oder vielleicht sogar Neid? Seien Sie ehrlich zu sich. Nehmen Sie die Emotionen wahr, ohne zu bewerten.

Was Sie ihm geben sollten

Für den Dauerchallenger besteht die im Eingangskapitel erwähnte Loyalität darin, sein Größer-, Schneller-, Weiter-Denken anzunehmen und ihn darin zu unterstützen, die Extrameile zu gehen. Er möchte spüren, dass Sie groß und schnell denken. Erst dann entspannt er und hört auf, Sie ständig herauszufordern. Er liebt vor allem positive Überraschungen, Ideen und Vorschläge, die er nicht erwartet hätte. Nutzen Sie die Chance, die Ihnen dieser Chef-Typ bietet, um größer zu denken und aus Ihren eigenen Bedenken auszusteigen. Hören Sie sich daher seine Visionen und Vorstellungen genau an und fragen Sie nach. Er liebt es, gefordert zu werden, und hat im Gegensatz zu vielen anderen Chef-Typen keine Angst vor Fragen.

Etwas Vorsicht ist jedoch beim Hinterfragen geboten. Er verträgt Kritik, die inhaltlich sehr sachlich ist, z. B. Vorschläge, wie er seine Visionen noch besser erreichen kann. Aber ein Hinterfragen seiner Vision selbst wertet er schnell als Blockieren. Das Paradoxe ist: Er ist fast nie zufrieden mit den Ergebnissen, ist also in dieser Hinsicht ein krasser Defizit-Denker. Er erwartet inhaltlich jedoch ein starkes Denken in Möglichkeiten und Chancen statt in Risiken, Begrenzungen und Defiziten. Diesen Gedankensprung sollten Sie einmal verinnerlichen, damit er Sie nicht verwirrt. Streuen Sie ruhig Ihr Wissen und Ihre Erfahrungen ein, vor allem wenn Dinge nicht funktioniert haben. Seien Sie an dieser Stelle aber sehr analytisch, um herauszufinden, was genau nicht funktioniert hat, und fokussieren Sie unmittelbar darauf, wie man es in Zukunft besser oder anders machen könnte. Er schätzt Ihre Erfahrungen, solange Sie im Lösungsmodus bleiben.

Er macht zu, wenn Sie generalisieren, ständig Bedenken äußern und ihm damit signalisieren, dass etwas sowieso nicht funktioniert.

Er liebt es, wenn Sie seine Visionen und Ziele auch einmal wortwörtlich wiederholen, denn damit zeigen Sie ihm, dass Sie diese verinnerlicht haben und seine Sprache sprechen. Außerdem hört er als Größer-, Schneller-, Weiter-Denker sehr gerne Komparative. Vergleiche zu Wettbewerbern oder einfach nur zum Vorjahr, irgendwo gibt es immer etwas, das sich verbessert hat oder verbessern kann. Sprechen Sie diese Vergleiche immer wieder aus. Das beruhigt ihn. Da er sich gerne mit anderen misst, wird er es auch lieben, wenn Sie aufmerksam den Markt, Wettbewerber, andere Branchen beobachten und einen starken Fokus nach außen haben.

Worte und Sätze, die er sicher gerne aus Ihrem Mund hört und die Sie bewusst verwenden können, sind:
- „Mal größer gedacht, wir könnten doch …"
- „Welche Erwartungen hast du an mich und meine Arbeit?"
- „Ich habe da eine sehr innovative und kreative Idee."
- „Wir haben das schon mal probiert, da hat es nicht geklappt aus den Gründen xy. Aber lass uns unbedingt überlegen, wie wir daraus lernen und es diesmal besser machen können."

Worte und Sätze, die Sie vermeiden sollten, sind:
- „Das haben wir schon mal probiert, das hat nicht funktioniert."
- „Wie soll das denn gehen?"
- „Ich sehe da ein Problem."

Schauen Sie über den Tellerrand, wo Sie nur können, denn den Dauer-Challenger langweilt nichts mehr, als immer wieder die gleichen Ideen, Argumente und Bedenken zu hören. Das ist für Sie selbst auch eine gute Schule, denn oft hängen wir uns in der Tat in unseren Bedenkenmustern auf.

Wie kann ich mich ihm gegenüber anders aufstellen?

Gestehen Sie sich zunächst einmal selbst ein, wenn Sie auf seine Denk- und Verhaltensweisen ein wenig neidisch sind. Machen Sie aus diesem Neid doch einfach mal den Ehrgeiz, es ihm gleichzutun und sich mehr aus Ihrer Komfortzone herauszubewegen und neu, frisch und anders zu denken.

Wenn Sie sich unterlegen fühlen, machen Sie sich klar, dass große Visionen und schnelles Denken nicht alles im Leben sind. Fokussieren Sie auf Ihre eigenen Stärken. Vielleicht haben Sie Organisationstalent, Genauigkeit, Gewissenhaftigkeit und Ausdauer oder viel Struktur, dies sind beispielsweise Dinge, die der Dauerchallenger oft nicht hat. Wenn Sie nun Ihre positiven Eigenschaften mit seinen Visionen kombinieren, können Sie gemeinsam Großes erreichen und Spaß dabei haben. Wenn Sie den anderen verurteilen und sich innerlich verschließen, erreichen Sie gar nichts außer noch mehr Forderungen. Das macht auf die Dauer weder Sie noch ihn zufrieden. Denken Sie also nicht in richtig oder falsch. Er ist einfach nur anders.

Gerade wenn Ihr Chef sehr jung ist, ist er meist noch voller Tatendrang. Das kann einer Organisation sehr guttun. Wenn Sie sich bei dem Gedanken ertappen: „Das kann doch nichts werden" oder „Der muss sich erst einmal die Hörner abstoßen", wandeln Sie diesen Gedanken doch einmal um in: „Was kann ich von ihm lernen? Welche Denk- oder Verhaltensweisen würden auch mein Leben bereichern?" Und vor allem: „Wo liegen meine Stärken, um ihn zu unterstützen, seine Visionen zu erreichen?" Sie werden staunen, was sich da alles findet und wie einfach es auf einmal wird, mit dieser Person zu arbeiten. Sie fühlen sich gleich viel dynamischer und Ihre Weisheit kommt dem Chef definitiv zugute. Wenn Sie Kinder haben, kennen Sie das Gefühl, das jüngere oder schneller oder flexibler denkende Menschen in uns auslösen. In der eigenen Familie empfinden wir das oft als (anstrengend) bereichernd. Bei der eigenen Brut fällt es uns sicher leichter, offenzubleiben. Übertragen Sie diese Offenheit auf Ihren Vorgesetzten.

Zu guter Letzt: Schaffen Sie sich ein Ritual, bei dem Sie Ihren Vorgesetzten überraschen können. Machen Sie sich beispielsweise einen Sport daraus, einmal pro Monat eine kreative oder innovative Vorgehensweise oder eine Extrameile zu präsentieren, das Zeitintervall ist natürlich steigerungsfähig.

Auf den Punkt gebracht

Betrachten Sie den Dauerchallenger als Herausforderung, zu wachsen und aus Ihrer Komfortzone zu kommen. Fokussieren Sie auf Ihre eigenen Stärken und überlegen Sie, wie Sie diese mit den großen Visionen des Dauerchallengers in Einklang bringen können.

Typ 5: Der Checker mit dem Ich-habe-alles-schon-erlebt- und Ich-weiß-alles-Gen

Der Checker ist das krasse Gegenteil des ergebnisoffenen Dauerchallengers. Er weiß genau, wie alles geht, hat alles schon gesehen und erlebt, weiß alles und möchte am liebsten, dass seine Mitarbeiter alles genauso machen und genauso denken wie er selbst. Er ist oft ein schlechter Zuhörer, unterbricht ungeduldig, redet selbst aber gerne viel und ausschweifend. Wir finden ihn z.B. als Patriarch im inhabergeführten Unternehmen. Er handelt und entscheidet meist eher emotional und intuitiv, eine Strategie oder klare Richtung lässt er meist vermissen. Gerne wirft er auch einmal getroffene Entscheidungen über den Haufen, wenn ihn eine neue Eingebung trifft oder ihm eine branchenfremde inspirierende Person eine neue Idee eingepflanzt hat. Kommt er neu in ein Unternehmen, verändert er als „neuer Besen" viele Dinge sehr schnell, bevor er überhaupt den kompletten Überblick hat. Fehler gibt er niemals zu, er hat immer recht. Er führt sehr hierarchisch und legt bei Entscheidungen oft Alleingänge hin.

Kerstin Blanke leitet ein mittelständisches Familienunternehmen in dritter Generation. Angelika Schirmer tritt ihre Stelle als neue PR-Chefin im Unternehmen von Kerstin Blanke an. Nach einigen Wochen Einarbeitungszeit und einem Durchlauf der verschiedenen Abteilungen möchte Angelika ihrer Chefin ihre ersten Ideen zum Thema PR mitteilen. Nach nur wenigen Minuten Redezeit unterbricht Kerstin Blanke Angelikas Ausführungen mit den Worten: „Das wird so nicht funktionieren, liebe Frau Schirmer. Sie gehen mir da etwas zu gutgläubig dran. Was Sie vorschlagen, haben wir alles schon versucht. Die Presse wartet nicht auf diese Story …" Der Monolog von Kerstin Blanke dauert noch eine Weile an und beinhaltet, was ihr Vater schon alles versucht habe, wie lahm die Medien und wie unkreativ die eigenen Mitarbeiter seien, die damals mit absolut albernen und weltfremden Ideen kamen. Auf Angelikas Einlenken, dass man es vielleicht damals nicht richtig gemacht habe, antwortet Kerstin Blanke nur: „Glauben Sie mir, Schätzchen, wir machen das ja auch nicht erst seit gestern. Wir haben sämtliche Optionen probiert, das brauchen wir aber hier nicht weiter zu vertiefen. Das Einzige, was funktioniert, ist, die Journalisten einzuladen, ein wenig zu verwöhnen und hier und da mal eine Anzeige springen zu lassen." Sie bittet Angelika, eine Gästeliste und einen Event-Plan zu erstellen, drückt ihr noch die Liste von einem früheren Event in die Hand und beendet das Gespräch mit dem Satz: „Und machen Sie Ihren Mitarbeitern mal Dampf, die brauchen den Druck, sonst machen die gar nichts mehr." Angelika ist kaum zu Wort gekommen, denn ständig hat Kerstin Blanke sie unterbrochen. In Kerstin Blankes Monologen waren außerdem so viele Ungereimtheiten. Vieles war nicht zu Ende gedacht, ein kleines Event und eine gekaufte Anzeige, das ist doch keine PR-Strategie, das ist eine kleinteilige Bauchentscheidung. Und was für ein Bild vom Mitarbeiter diese Frau hat, ist unglaublich. Resigniert macht sich Angelika an die Planung des in ihren Augen sinnlosen Events.

Was oft dahintersteckt

Während der Dauerchallenger Veränderung liebt und oft in der jüngeren Generation zu finden ist, haben wir beim Checker meist ein Exemplar der älteren Generation mit einem gewissen Starrsinn. Manchmal hat der Checker innerlich bereits resigniert, weil er schon so vieles gesehen und erlebt hat, was nicht funktioniert. Er macht seinen Job oft schon sehr lange oder hat im geerbten Familienunternehmen von Kindesbeinen an nichts anderes gehört, als dass Dinge und/ oder Mitarbeiter in der Firma nicht gut sind.

Meist konzentriert er sich auf einen Teil seiner Aufgabe, z. B. einen bestimmten Geschäftsbereich, den er gut kennt oder bereits selbst bearbeitet hat, bevor er befördert wurde. Er ist sich seiner in diesem Fall fehlenden Kompetenzen meist bewusst und lenkt von diesen durch lange Monologe über ihm vertraute Themen ab. Für andere sind die Monologe oft unverständlich, er schafft bewusst ein wenig Verwirrung, damit er kompetenter wirkt und der Mitarbeiter das Gefühl bekommt, ihm nicht folgen zu können. Er macht sogar Mitarbeiter nieder oder hört schlecht zu. Dadurch setzt er sich in Distanz zu seinen Mitarbeitern. Im Gegensatz zur Krawallschleuder baut er nicht zwangsläufig hierarchische Distanz auf, sondern vielmehr Distanz, um Diskussionen zu vermeiden, die er schon tausendmal geführt hat oder denen er sich thematisch nicht (mehr) gewachsen fühlt.

Oft ist der Checker kein großer Stratege oder Visionär. Dazu fehlen ihm die Kompetenzen. Daher trifft er Entscheidungen häufig aus dem Bauch heraus. Nicht selten sind diese Entscheidungen wenig zielführend. Da er aber Fehler nicht zugibt, denn dann würde sein Unvermögen ja auffliegen, leidet er unter partieller Amnesie und vergisst auch gerne mal, was er gestern gesagt hat. Er lässt sich daher nur ganz selten schriftlich auf etwas festnageln. Er revidiert öfters seine Entscheidungen, aber im Gegensatz zum Verzettler nicht, weil er sich in Details verrennt, sondern weil er voreilig aus dem Bauch entschieden hat.

Fakt ist: Wer lauthals verkündet, was er alles weiß, weiß meistens nicht ganz so viel; wer über andere bewusst Macht ausübt, fühlt sich meistens machtlos. Starke Emotionen beim Checker sind die Angst, dass die Inkompetenz auffliegt, sowie eine gewisse Überforderung mit der Aufgabe und ein hohes Maß an Frustration mit sich selbst und der Welt. Häufig empfindet er großen Druck, der Aufgabe gerecht zu werden. Wenn er bereits älter ist, machen ihm die jüngeren Mitarbeiter mit ihrer Dynamik und ihren Ideen oft Angst. Er kann ihnen manchmal rein inhaltlich nicht folgen. Seine Kompensation: die Flucht nach vorne mit viel Aktionismus, ausgespielter Macht und Ablenkungsmanövern.

Häufige Glaubenssätze dieses Chef-Typs sind:

- „Das ist doch alles sinnlos."
- „Ich bin dem nicht gewachsen."
- „Ich bin zu alt."
- „Hoffentlich merkt keiner meine Lücken."
- „Ich muss beweisen, dass ich es kann."

Auch wenn es auf die Mitarbeiter wirkt, als habe er die Weisheit mit Löffeln gefressen, hinter dem Geprahle und Starrsinn steckt oft eine tiefe Unsicherheit.

> *Wie kompetent und geistig flexibel ist Ihr Chef? Maskiert er sein Unwissen und seine Veränderungsresistenz durch Monologe und bewusst ausgeübte Macht? Wenn Sie seine Ängste und Überforderungen wahrnehmen, können Sie sich anders zu ihm aufstellen.*

Warum reagiere ich so empfindlich auf diesen Typ Chef?

Der Checker strengt die meisten Mitarbeiter an, weil sie sich nicht ausreichend wahrgenommen und gehört fühlen. Das Bedürfnis nach Anerkennung wird durch sein Abbügeln anderer Standpunkte zutiefst verletzt. Seine Machtausübung empfinden viele ähnlich wie bei der Krawallschleuder: Sie fühlen sich nicht mehr auf Augenhöhe, was oft Wut auslöst.

Wenn Sie in Ihrem Bereich eine besondere Kompetenz haben und sehr genau wissen, welche Wege zum Erfolg führen, kommt hinzu, dass Sie sich auch inhaltlich ausgebremst fühlen. Es ist ein wenig, als säßen Sie in einem Fahrschulwagen, drückten aufs Gas und Ihr Fahrlehrer stände permanent auf der Bremse. Das frustriert. Sie fühlen sich in Ihren Kompetenzen untergraben.

Sind Sie tendenziell ein ungeduldiger Mensch, stellt der Checker Sie mit seinen langen Monologen und verwirrenden Ausführungen zusätzlich auf die Probe. Ihnen fehlt dann oft die Gabe, seine Reden an sich vorbeiziehen zu lassen.

Wenn Ihnen Weitblick, Verlässlichkeit und Effizienz wichtig sind, wird der Checker Ihnen eine große Portion Stress bereiten, da er diese Ihnen so wichtigen Werte unbewusst mit Füßen tritt. Schließlich agiert er oft ohne Strategie und Perspektive. Und lange Monologe sowie revidierte Entscheidungen verdienen auch nicht gerade den Zweitnamen „Effizienz".

Dass ein Chef-Typ, der sich so bewusst über andere erhebt, bei Menschen mit schwachem Selbstvertrauen ein Gefühl von Unterlegenheit und Selbstzweifeln auslöst, wurde bereits in anderen Kapiteln ausreichend behandelt.

Wenn Sie ein sehr feinfühliger Mensch sind, spüren Sie vielleicht sogar die Überforderung und den inneren Stress des
Checkers. Diese Emotionen können sich auf Sie übertragen
und zu einer gewissen Grundanspannung in seiner Gegen-
wart führen.

> Welchen Ihrer Werte und Überzeugungen verletzt der
> Checker und welche Emotionen löst er in Ihnen aus?
> Die Verzweiflung, nicht gehört zu werden, Ohnmacht,
> Wut oder einfach nur innere Unruhe durch übertrage-
> nen Stress? Nehmen Sie die Emotionen wahr, ohne zu
> bewerten.

Was Sie ihm geben sollten

So schwer es Ihnen fallen mag: Hören Sie sich seine Monologe an, er braucht sie, um sich daran aufzurichten. Wenn Sie
ihn dabei unterbrechen oder mit einem „Ja aber" kontern,
haben Sie seine Sympathie schnell verspielt. Jedes zu dyna-
mische Verhalten macht dem Checker Angst, daher sollten
Sie eher in einer Art Salami-Taktik vorgehen. Er braucht
immer das Gefühl, recht zu haben. Stimmen Sie ihm daher
so oft es geht zu und wiederholen Sie dabei die von ihm
verwendeten Worte. Jetzt fragen Sie sich bestimmt: „Soll
ich denn lügen, wenn der so einen Müll erzählt?" Nein,
sollen Sie nicht, aber er wird den einen oder anderen Satz
sagen, bei dem Sie ihm recht geben können. Oft kennt er
sich in einem Bereich sogar sehr gut aus, z. B. kennt er den
Markt sehr genau oder das Verhalten der Kunden, er hat nur

Defizite in anderen Bereichen, z. B. bei den neuesten Trends oder Technologien. Suchen Sie die Felder, in denen er sich auskennt und kluge Dinge von sich gibt, wie die Stecknadel im Heuhaufen. Kaum einer erzählt den ganzen Tag Stuss. Dann können Sie Ihre Punkte und Ideen vorsichtig ergänzen. Es ist ein Unterschied, ob Sie sagen: „Nein, wir sollten das so machen", oder ob Sie sagen: „Ich glaube deiner Erfahrung, dass das so nicht funktioniert, daher würde ich es wie folgt verändern, dann kann es funktionieren."

Da der Checker oft wenig klare Strategien und Ziele hat und eher emotional entscheidet, können Sie seine emotionalen Entscheidungen, so Sie diese für richtig oder machbar halten, mit Fakten oder Strategien oder Zielen untermauern. So helfen Sie ihm, mehr Fokus in sein Handeln zu bringen, ohne ihn der Planlosigkeit zu bezichtigen. Entscheidet er wie in dem Beispiel oben z. B. für ein PR-Event, könnten Sie sagen bzw. hinterfragen, welches das Ziel des Events sein soll, oder das Ziel des Events formulieren. Das ist zwar ein wenig von hinten aufgezäumt, aber so können Sie Ihre Gedanken Stück für Stück in seine einfließen lassen. Trifft der Checker eine Entscheidung, die Sie für richtig halten, bestärken Sie ihn darin und untermauern diese Entscheidung mit Fakten. Das gibt ihm Sicherheit. Die Wahrscheinlichkeit, dass er die Entscheidung sogar schriftlich fixiert und somit berechenbarer wird, steigt.

Hat Ihr Chef einen besonders emotionalen Bezug zum Unternehmen (z. B. bei einem Familienunternehmen), dann teilen Sie seine Emotionalität. Behandeln Sie das Unternehmen, als wäre es Ihr eigenes. Das schafft Vertrauen und zeigt Loyalität.

Wenn er sich über die Unfähigkeit anderer lustig macht und dabei persönlich wird, können Sie ihn selbst darin zum Teil bestätigen, ohne Ihr Gesicht zu verlieren. Macht er beispielsweise einen Mitarbeiter nieder, könnten Sie sagen: „Es stimmt, an dieser Stelle hat der Mitarbeiter sich nicht an die Vorgaben gehalten." So können Sie ihm helfen, aus seinen Generalisierungen über andere auszusteigen und seine Kritik auf ein spezifisches Verhalten zu reduzieren. Es ist ein Tropfen auf dem heißen Stein und sicherlich etwas mühselig, aber sich gegen seine Kritik aufzulehnen oder diese sogar zu verurteilen würde zwar Ihrem Gerechtigkeitssinn mehr entsprechen, in der Situation aber nicht helfen.

> Worte und Sätze, die er sicher gerne aus Ihrem Mund hört und die Sie bewusst verwenden können, sind:
> - „Ich stimme dir insofern zu, als dass …"
> - „Wenn ich deine Erfahrungen jetzt mal weiterspinne, würde das bedeuten, dass …"
> - „Welches Ziel würden wir mit der von dir vorgeschlagenen Maßnahme verfolgen?"
> - „So hat es ja nicht funktioniert, wie wäre es, wenn wir es wie folgt ändern?"
>
> Worte und Sätze, die Sie vermeiden sollten, sind:
> - „So funktioniert das nicht."
> - „Ich halte das für falsch."

Letztere Sätze verträgt er übrigens im Vergleich zum Challenger deshalb nicht, weil er sie persönlich nimmt und als Kritik an seinen Defiziten sieht. Der Challenger sieht in diesen Sätzen eher ein Thema bei Ihnen als Mitarbeiter, nämlich das Thema, in Limitationen zu denken. Dies ist ein entscheidender Unterschied.

Haben Sie vor allem Ihre Körpersprache im Griff. Jedes Augenrollen oder Genervtsein spürt der Checker wegen seiner für Sie nicht offensichtlichen Empfindlichkeit sofort. Üben Sie sich im Ja-Sagen zu seinen Ausführungen, sodass Sie nicht lügen müssen. Sie brauchen sicher eine große Portion Geduld.

Üben Sie Kritik erst, wenn Sie eine gute Vertrauensbasis mit ihm haben. Wenn er Sie bei einem Termin beispielsweise unnötig warten lässt, beschäftigen Sie sich in der Wartezeit mit kleinen Aufgaben. Offensichtlich muss er Sie warten lassen, um sich wichtig und stärker zu fühlen. Auch wenn es unhöflich von ihm ist, vielleicht können Sie sich dazu durchringen, ihm vorübergehend seinen Spaß zu gönnen. Wenn er Ihre Loyalität erst einmal spürt, wird er mit diesen Spielchen ganz von allein aufhören, denn dann hat er sie nicht mehr nötig.

Wie kann ich mich ihm gegenüber anders aufstellen?

Wenn ein kleines Kind Angst hat, was machen wir dann als Eltern? Wir zeigen dem Kind Stück für Stück den Weg aus der Angst. Genauso könnten Sie den Checker betrachten. Er ist unsicher, vielleicht sogar überfordert. Finden Sie den gemeinsamen Anknüpfungspunkt und nehmen Sie ihn gedanklich bei der Hand, um ihn aus seiner Angst zu führen, indem Sie ihn beispielsweise in einer guten Entscheidung bestärken.

Machen Sie einen Sport daraus, Punkte zu finden, bei denen Sie ihm zustimmen können, und Punkte zu finden, bei denen Sie ihn bestärken können. Der Checker braucht dringend Hilfe in Form von Fakten, die seine emotionalen Entscheidungen untermauern, in Form von kleinen Ideen, die ihn sukzessive aus seiner Veränderungsresistenz ziehen, in Form von emotionaler Begeisterung für seine Ideen, die sicher nicht alle schlecht sind. Führen Sie täglich die Suche nach der Stecknadel im Heuhaufen durch und fokussieren auf die vielleicht wenigen Punkte, wo er wirklich recht hat.

Lassen Sie die Monologe wie einen Windzug an sich vorbeirauschen. Setzen Sie dabei Ihr Sonntagsgesicht auf. Picken Sie selektiv die Worte und Ideen heraus, die Ihnen gefallen, und satteln Sie Ihre Ideen auf diese auf. Wenn Sie dabei noch seine Worte wiederholen, haben Sie gewonnen.

Führen Sie sich vor Augen, dass Sie den gleichen Fehler wie der Checker machen, wenn Sie über ihn ein pauschales Urteil fällen. Sie können das besser als er und Dinge differenziert betrachten. Betrachten Sie den Checker als Herausforderung des Universums, Ihre Geduld und Ihre selektive Wahrnehmungsfähigkeit für Positives zu trainieren.

Auf den Punkt gebracht

Betrachten Sie den Checker als Trainer Ihrer Geduld und Ihrer Differenzierungsfähigkeit. Machen Sie sich klar, dass Sie ihm helfen können, dahin zu wachsen, wo er sich gerne sehen würde. Ihre Ideen können Sie dabei sukzessive statt mit der beim Checker erfolglosen Brechstange platzieren.

Typ 6: Der Opportunist mit dem Macht- und Hauptsache-ich-Gen

Der Opportunist wird oft als intrigant empfunden. Seine Verhaltensweisen sind vielschichtig, denn er lässt keine Gelegenheit aus, vermeintlich gut dazustehen und nach oben zu kommen. Er dreht sein Fähnchen nach dem Wind, schmückt sich gerne mit fremden Federn, macht selbst nie Fehler und schuld sind immer die anderen. Er denkt stark in Hierarchien und macht oft Späße auf Kosten anderer. Von denen wiederum fordert er Dinge, die er selbst nicht lebt. Getroffene Absprachen vergisst er gerne einmal, wenn sie nicht mehr in sein Machtkonzept passen. Seine Mitarbeiter hält er klein, fördert sie nicht und versucht, sie mit Pseudo-Motivationsphrasen bei Laune zu halten. Durch Unpünktlichkeit und Unfairness demonstriert und stabilisiert er seine Macht. Sein Zu-spät-Kommen hat im Gegensatz zum Verzettler nichts mit Unorganisiertheit zu tun. Gerne verweigert er beispielsweise ohne erkennbaren Grund Urlaubsanträge. Nach oben kuscht er und redet dem Chef oft nach dem Mund. Besonders protegiert und bevorzugt er die Mitarbeiter, die ihn unterstützen, ihm aber nicht das Wasser reichen können.

Andreas Hensken arbeitet zwei Ebenen unter dem Bereichsvorstand Martin Krieger, sein Abteilungsleiter Kevin Siemering wurde erst kürzlich in seine neue Rolle befördert. Seitdem sieht Andreas Hensken seinen Bereichsvorstand gar nicht mehr, weil Kevin sämtliche Gespräche mit seinem Vorgesetzten führt. Andreas sucht das Gespräch mit Kevin. Mit zwanzig Minuten Verspätung taucht Kevin mit den Worten auf: „Sorry, wichtige Angelegenheit." Andreas fragt Kevin, was der Bereichsvorstand denn zu Andreas Henskens Opti-

mierungsvorschlag gesagt habe. Kevin antwortet, dass er diesen ganz gut fand. Auf die Frage, ob Kevin dem Vorstand wie besprochen die Problematiken bei dem Hauptprojekt geschildert habe, antwortet dieser, dass er das getan habe und der Bereichsvorstand mit seinem Counterpart reden wolle.

Als Andreas Hensken den Bereichsvorstand zwei Tage später an der Kaffeemaschine trifft, spricht er ihn auf seinen Optimierungsvorschlag an mit den Worten: „Herr Krieger, aus dem Vorschlag hat sich noch einmal eine nachträgliche Ersparnis von 100.000 Euro ergeben." Herr Krieger schaut ihn irritiert an und fragt: „Woher wissen Sie denn von dem Vorschlag?" Andreas wird schlagartig klar, dass sein Chef die Idee als seine eigene verkauft haben muss. Er will es nun wissen und fragt: „Sind Sie denn mit dem anderen Bereichsleiter zu der Problematik bei dem Hauptprojekt schon im Austausch?" Wieder erntet er einen erstaunten Blick: „Ach, da gibt es Probleme?" Kevin hat die Probleme gegenüber seinem Chef also unter den Tisch fallen lassen. Andreas ist wütend und verabredet einen Termin mit seinem Chef, zu dem dieser wiederum fünfzehn Minuten zu spät kommt. Er stellt Kevin zur Rede. Dieser antwortet: „Das habe ich niemals versprochen, dass ich mit Herrn Krieger darüber rede." Mit einem neckischen Lachen ergänzt er: „Hey, wir sind doch dazu geboren, Probleme selbst zu lösen, Problem-Solver ist doch quasi unser Zweitname." Andreas ist wütend. Da war sie wieder, die partielle Amnesie seines Chefs. Obwohl er es ganz klar versprochen hat und sogar versichert hat, der Bereichsleiter kümmere sich um das Thema, tut er jetzt so, als hätten Andreas und er nie über dieses Thema gesprochen. Und gelogen hat er demnach auch, als er sagte, er habe es mit Herrn Krieger thematisiert. Als die Mitarbeiterin Andrea Zirbs in der Tür steht, verabschiedet Kevin Andreas noch mit den Worten: „Ach übrigens, sorg doch dafür, dass diese Marketinghasen regelmäßig über unsere Vorgehensweise informiert sind, die haben sich beschwert." Andreas ist entsetzt über die „Hasen" und über die Aussage selbst. Er informiert immer, der Einzige, der nie mit dem Marketing kommuniziert, ist Kevin. Kevin wendet sich sodann Andrea zu und säuselt: „Andrea, Darling. Nur herein. Dein kompetenter Kollege wollte eh gerade gehen."

Was oft dahintersteckt

Vom Verhalten ähnelt der Opportunist dem Checker und auch dem Inkompetenten, doch seine Motivation für sein Verhalten ist immer seine Machtbesessenheit. Während der Checker eher durch Starrsinn über seine löchrigen Kompetenzen hinwegtäuscht und der Inkompetente auf ganzer Linie keine Expertise zeigt, ist der Opportunist sehr dynamisch, vor allem wenn es darum geht, schnellstmöglich nach oben zu kommen, notfalls auch über Leichen. In der Regel ist er auch fachlich recht kompetent, sein zwischenmenschliches Verhalten lässt hingegen zu wünschen übrig.

Er lässt ungern andere neben sich strahlen, daher macht er öfters fähige Mitarbeiter vor versammelter Mannschaft nieder oder macht Witze auf deren Kosten. Sie sollen eben nicht so gut dastehen wie er. Er übt damit wie der Checker auch Macht über sie aus, allerdings mit der Absicht, zu zeigen, dass er es drauf hat und für mehr geboren ist. Im Prinzip hat er ein kleines Ego und macht sich auf Kosten anderer groß. Er kann sich nur gut bzw. stark fühlen, wenn andere sich schlecht bzw. schwach fühlen.

Er hat nicht zwangsläufig Angst vor fähigen Mitarbeitern, im Gegenteil, er braucht sie ja, damit es in seinem Bereich läuft, aber den Ruhm möchte er selbst ernten, um möglichst gradlinig nach oben zu kommen. Daher schmückt er sich mit fremden Federn, schreibt sich gerne mehr auf die Fahne, als er selbst geleistet hat, und an Fehlern sind selbstverständlich andere schuld, die weniger fähig sind als er. Da seine Mitarbeiter oft recht kompetent und auf Augenhöhe sind, muss er zu härteren Mitteln greifen: schlechtes Feedback vor versammelter Mannschaft oder blöde teilweise persönliche Witze. Nur so kann er das Gefühl von Machtgefälle erzeugen. Je größer sein Imperium wird, umso zufriedener wird er, gleichzeitig möchte er immer mehr Macht und Einfluss. Das Gefühl, über anderen zu stehen, verschafft er sich außerdem dadurch, dass er andere warten lässt. Seine Unpünktlichkeit demonstriert im Gegensatz zur Unpünktlichkeit des Verzettlers pure Dominanz und sie entspringt keiner Unorganisiertheit. Auch unterbricht er andere und stellt sie vor vollendete Tatsachen. Er erwartet Dinge, die er selbst nicht vorlebt, z. B. Pünktlichkeit oder das Ausredenlassen. Qua Hierarchie nimmt er sich das Recht dazu heraus und stellt sich somit permanent auf einen Sockel.

Da der Machtgeile meist sehr kompetent ist und eine gewisse Bauernschläue hat, weiß er, dass er seine Leute aber auch bei Laune halten muss. Dies probiert er mit abgedroschenen Phrasen und Komplimenten, bei Kollegen des anderen Geschlechts auch mit kleinen Flirtereien. Um Mitarbeiter wieder einzufangen, macht er auch mal Witze mit ihnen gemeinsam über andere. Er schlägt sich immer auf die Seite, die gerade für sein Vorankommen förderlich ist. Das macht ihn so unberechenbar und lässt ihn äußerst intrigant wirken.

Die Mitarbeiter denken, es gehe bei ihm nach Nasenfaktor, dabei fällt jeder einmal bei ihm in Ungnade, diejenigen, die ihm nach dem Mund reden allerdings seltener, denn sie bestätigen ihn damit auf seinem Sockel.

Wenn er sich an Absprachen „nicht mehr erinnern kann" oder er sogar bewusst lügt, dann weil die Wahrheit seinem Vorankommen plötzlich nicht mehr zuträglich erscheint oder weil er weiß, dass er seinem Mitarbeiter ein Versprechen aus Motivationsgründen nicht verwehren kann. Schadet dieses Versprechen jedoch seinem Vorankommen, vergisst er es. Seine Amnesie ist also im Gegensatz zur Vergesslichkeit des Checkers nicht dazu gedacht, über Defizite hinwegzutäuschen, sondern um nach oben zu kommen.

Oft liegt seine Motivation, Karriere zu machen, darin begründet, dass Macht für ihn ein sehr wichtiger innerer Wert ist. Überwiegend steckt hinter dem Machtstreben ein schwaches Selbstbewusstsein. In diesem Fall hilft Macht, sich größer zu fühlen. Manchmal ist sein Machtstreben aber auch extrinsisch motiviert, vor allem wenn ihm nie jemand etwas zugetraut hat. Dann will er es allen beweisen und zeigen. Oder er hat viel Druck erfahren, dass aus ihm etwas Besseres werden muss als aus seinen eigenen Eltern. Vielfach steckt ein Konflikt mit dem Vater dahinter, dem er unbedingt etwas beweisen will.

Häufige Glaubenssätze dieses Chef-Typs sind:

- „Ich muss nach oben kommen."

- „Ich muss es allen beweisen."

- „Ich habe Angst, dass jemand an meinem Stuhl sägt."

- „Hoffentlich zieht keiner an mir vorbei."

Auch wenn er also auf die Mitarbeiter selbstherrlich und überzeugt wirkt, hat er eine große Angst vor dem Scheitern, denn dann würde sein Lebenskonzept wahrscheinlich einstürzen.

> *Übt Ihr Chef seine Macht aus, um von Inkompetenz abzulenken, oder ist er fachlich kompetent und einfach nur machtbesessen? Wenn Sie den Hintergrund seiner Dominanz verstehen, können Sie gezielter damit umgehen.*

Warum reagiere ich so empfindlich auf diesen Typ Chef?

Wie alle Chef-Typen, die sich des Mittels der Machtausübung bedienen, verletzt der Opportunist unser Bedürfnis nach Wertschätzung und Kommunikation auf Augenhöhe.

Wenn Ehrlichkeit, Zuverlässigkeit und Berechenbarkeit hohe Werte für Sie sind, verletzt er diese Werte permanent mit seinem intriganten Verhalten.

Hinzu kommt die Frage, ob Sie selbst Karriereambitionen haben. Dann sind Sie in einem direkten Wettstreit mit dem Opportunisten und empfinden möglicherweise ein Gefühl von Unterlegenheit, da Sie nicht willens sind, zu seinen Mitteln zu greifen. Somit wird Ihr Sinn für Gerechtigkeit und Fairness mit Füßen getreten, wenn Sie sehen, dass er mit diesem Verhalten auch noch durchkommt. Es kann sich in Ihnen eine regelrechte Ohnmacht breitmachen.

Wenn Sie ein solch skrupelloses Verhalten bei einer wichtigen Bezugsperson auch schon erlebt haben, trifft dieser Typ Chef dann auch noch in eine alte Verletzung. Sein unaufrichtiges Verhalten kann Sie an Betrug in einer Liebesbeziehung erinnern, genauso wie an Lügen der Eltern oder deren Ungleichbehandlung von Geschwistern. Auch Lehrer, die Lieblingsschüler hatten, hinter denen Sie sich trotz guter Leistungen immer zurückgesetzt fühlten, können hier eine Rolle spielen.

Es bleibt wiederum der Hinweis, dass ein Chef-Typ, der sich so bewusst über andere erhebt, bei Menschen mit schwachem Selbstvertrauen Selbstzweifel auslöst, die ein ganzes Weltbild infrage stellen können. Viele Menschen zweifeln bei diesem Vorgesetzten nicht nur an sich selbst, sondern am kompletten System. Sie fragen sich, ob sie mit ihren Werten überhaupt im Geschäftsleben weiterkommen können oder ob derartige Skrupellosigkeit Standard ist. Nicht selten führen diese Zweifel zu Resignation bis hin zum Burn-out.

> Welche alten Wunden reißt der Opportunist bei Ihnen auf? Oder verletzt er „nur" Ihre Werte? An wen erinnert er Sie? Nehmen Sie die damit verbundenen Emotionen wahr, ohne sie zu bewerten, und überprüfen Sie, ob es die gleichen sind wie damals.

Was Sie ihm geben sollten

Wenn Sie sich in Ihren Grundwerten nicht zu sehr verletzt fühlen, können Sie durchaus mit dem Opportunisten kooperieren. Dies gilt natürlich für alle Chef-Typen, beim Opportunisten sei es zusätzlich erwähnt, da er durch seine Unberechenbarkeit und Unaufrichtigkeit die Geduld vieler

Mitarbeiter überstrapaziert. In den wenigsten Fällen gelingt es, den Opportunisten vom Thron zu stürzen. Es kann gelingen, indem Sie ebenfalls Intrigen gegen ihn spinnen. Diese Art von subtiler Demontage muss man natürlich mögen und akzeptieren, dass die Erfolgschancen gegen einen so gewieften Menschen gering sind.

Der Opportunist braucht ganz klar das Gefühl, dass Sie ihn uneingeschränkt unterstützen und den Hierarchieunterschied und vor allem seine Dominanz anerkennen. Ihn zu bekämpfen bringt wenig, da er meist gute Geschäftsergebnisse abliefert und extrem gut an allen wichtigen Schnittstellen und nach oben verdrahtet ist. Wenn Sie den Opportunisten in seiner Machtposition stärken und unterstützen, wird er Sie weitestgehend in Ruhe lassen, denn er wird es Ihnen insgeheim danken. Die meisten Mitarbeiter arbeiten massiv gegen diesen Typ Vorgesetzten. Und dann wird der Opportunist sehr ungemütlich.

Das Gespräch über sein intrigantes Verhalten zu suchen wird wenig bringen. Er hat damit so lange schon Erfolg gehabt und Sie können ihn nicht ändern. Außerdem wird er von Mitarbeitern ohnehin keine Kritik akzeptieren, da er ja so weit über ihnen steht. Sie brauchen vielmehr die Größe, seine Intrigen und Lügen zu tolerieren und weitestgehend zu ignorieren, denn je mehr Sie ihn darauf ansprechen, umso mehr wird es zum Kampf ausarten. Stattdessen braucht er Ihre uneingeschränkte Bewunderung, z. B. in Form von Lob für seinen Weitblick oder seine Entscheidungen. Und er braucht von Ihnen Ideen, mit denen er gut dastehen kann. Er wird sich sowieso mit Ihren Federn schmücken. Je mehr gute Ideen Sie ihm liefern, umso weniger wird er mit Ihnen Streit anfangen, denn er ist dann von Ihnen abhängig. Er ist ein

Löwe, den Sie einfach nur füttern müssen, damit er Sie nicht angreift. Dass dies eine Menge Kraft kosten kann, sollten Sie sich vor Augen führen, aber es ist erlernbar.

Worte und Sätze, die er sicher gerne aus Ihrem Mund hört und die Sie bewusst verwenden können, sind:
- „Da gebe ich dir uneingeschränkt recht ..."
- „Das hast du wirklich super gemacht ..."
- „Ich bewundere dich für diese Denk- und Handlungsweise."
- „Ich habe hier eine Idee, mit der du dein Ziel noch besser erreichen kannst."

Worte und Sätze, die Sie vermeiden sollten, sind:
- „Du spielst nicht fair."
- „Ich halte deine Vorgehensweise für falsch."

Sie brauchen sicher eine große Portion Resilienz. Dieser Typ Chef wird nie für Kritik offen sein. Sie können ihn einfach nur ertragen. Aber Sie können mit Ihrem Verhalten dafür sorgen, dass er Sie nicht mehr oder nicht mehr so schnell angreift und weitestgehend in Ruhe lässt. So haben Sie im Vergleich zu anderen Kollegen das entspanntere Dasein. Sitzen Sie die Situation aus, bis sich für Ihre Karriere etwas anderes ergibt. Sorgen Sie indes dafür, dass andere Bereiche auf Ihre Leistungen aufmerksam werden. Vernetzen und verdrahten Sie sich gut nach links und rechts, um aus dem Schatten des Opportunisten auszusteigen.

Und wenn er mit Flirtereien oder dummen Sprüchen punkten will, hilft es, darauf gar nicht zu reagieren und innerlich auf Durchzug zu stellen. So lassen Sie ihn ins Leere laufen. Die Energie geht immer dahin, wohin Ihre Aufmerksamkeit geht. Sie wollen doch sicher nicht, dass er für ein solches Fehlverhalten auch noch Aufmerksamkeit bekommt. Wird er übrigens wirklich übergriffig oder belästigt er sexuell, ist das natürlich ein anderes Thema. Dies sollten Sie in jedem Fall nach oben oder an die entsprechenden Stellen in der Personalabteilung eskalieren. Sie sollten sich das wert sein.

Wie kann ich mich ihm gegenüber anders aufstellen?

Wenn ein Tier in der freien Wildbahn die Rudelführung nicht übernehmen kann, ordnet es sich unter. Das ist ein kluges Verhalten, denn sonst verliert es den Kampf gegen den Rudelführer meist blutig. Akzeptieren Sie also zunächst innerlich, dass diese Person mit all ihren Macken Ihr Chef ist und sogar ein ziemlich erfolgreicher Chef. Machen Sie sich einen Sport daraus, ihm möglichst wenig Angriffsfläche zu bieten, und freuen Sie sich über jede Minute, in der er Sie in Ruhe lässt.

Statt zu denken, dass Sie klein beigeben, können Sie sich klarmachen, dass Sie sich gerade auf sehr kluge Art selbst schützen vor seinen Intrigen und Herabwürdigungen. An der Stelle sind Sie auf jeden Fall klüger als er. Sie halten Dinge aus, die ihn wie angestochen hochgehen lassen. Wenn er Ihre Ideen klaut, seien Sie einfach stolz auf sich, dass Ihre Idee so gut war, dass er sie sich auf die Fahne schreibt.

Führen Sie sich vor Augen, was für eine kleine Gestalt Ihr Chef ist, dass er es nötig hat, sich auf Kosten anderer hochzuziehen. Überlegen Sie auch einmal, wie einsam er sein muss, denn mit seinen Verhaltensweisen hat er sicher wenig Freunde im Unternehmen. Und wahrscheinlich war er sogar in seiner Familie eher das schwarze Schaf. Vielleicht können Sie so ein wenig Mitgefühl empfinden. Betrachten Sie den Opportunisten als Chance, Ihre Resilienz zu trainieren und ganz in Ruhe Ihren Weg weiterzuverfolgen bzw. seine Minderwertigkeitsgefühle eher mit Mitgefühl statt mit Wut zu nehmen. Konzentrieren Sie sich darauf, Ihre Ideen auf informellem Wege dort zu streuen, wo man auf Sie aufmerksam werden soll, und bereiten Sie so Ihren nächsten Karriereschritt vor.

Auf den Punkt gebracht

Akzeptieren Sie, dass Sie den Opportunisten nicht zu einem guten Menschen machen können. Vermeiden Sie Angriffsfläche, damit er Sie in Ruhe lässt, und verfolgen Sie Ihr Ziel weiter, das entweder darin besteht, sich irgendwann für einen anderen Job zu qualifizieren oder einfach zu dem Kreis derer zu gehören, die er in Ruhe lässt.

Typ 7: Der Verzettler mit dem Dauerstress- und Chaos-Gen

Der Verzettler ist in einem zeitlichen Dauerstress und steckt mit seiner Hektik oft andere an. Seine Stresstoleranz ist schwach ausgeprägt. Er führt endlose To-do-Listen mit vielen Kleinigkeiten oder macht alles auf den letzten Drücker. Dabei denkt er wenig strukturiert und ändert oft seine Meinung, allerdings im Gegensatz zum Opportunisten nicht, um dem Chef zu gefallen, oder wie beim Checker, weil er einen kreativen Impuls bekommen hat. Vielmehr hat er eine Situation meist nicht bis zum Ende durchdacht und wechselt spontan durch eine zusätzliche Information von außen oder eine neue eigene Denkschleife die Richtung. Im ganzen Stress vergisst er oft etwas, ist manchmal zeitgleich in drei Terminen und ständig unpünktlich oder auf den letzten Drücker. Er hat fast nie Zeit für Fragen der Mitarbeiter und hinterlässt gefühlt eine Druckwelle, wo er geht und steht. Aufgaben verteilt er selten klar. Ständig kommen neue dringende Prioritäten hinzu, so viele, dass sie niemand bewältigen kann.

> *Carlos Grünberg arbeitet im Kundenservice eines Online-Dienstleisters. Er sitzt mit zwei weiteren Kolleginnen und Kollegen in einem Großraumbüro. Alle drei telefonieren gerade. Die Tür wird aufgerissen und Patricia Rehmann, die Vorgesetzte, stürzt herein. Sie beginnt sofort draufloszureden. Ihre Mitarbeiter halten sich jeweils ein Ohr zu, um weiter telefonieren zu können. Unruhig trippelt Patricia Rehman von einem Fuß auf den anderen. Sobald Carlos auflegt, redet Patricia auf ihn ein: „Da ist bei mir ein Anruf eingegangen, den müsst Ihr dringend bearbeiten." Carlos erwidert: „Wir bearbeiten hier den ganzen Tag Anrufe, stelle ihn uns einfach in die Schleife." Patricia lehnt vehement ab: „Nein, der Herr war sehr aufgebracht, das müssen wir sofort klären." Carlos ist etwas genervt. Als würden sie den ganzen Tag hier Däumchen drehen! Mittlerweile haben die beiden Kolleginnen auch ihre Gespräche beendet und werden von Patricias Hektik im Gegensatz zu dem eher entspannten Carlos nervös gereizt. Carlos beruhigt Patricia und sagt: „Wir kümmern*

uns drum." Dabei denkt er, wie planlos seine Chefin mal wieder ist. Es gibt klare Prioritätenlisten und Strategien, in welcher Reihenfolge Reklamationen bearbeitet werden, ein aufgebrachter kleiner Kunde kam in diesen Listen nicht vor, sondern vielmehr die Größe des Kunden, das Auftragsvolumen etc. Er schüttelt innerlich mit dem Kopf und sagt zu Patricia gerichtet: „Wir haben heute unser 1-zu-1-Gespräch um 15 Uhr, ich komme dann zu dir ins Büro, okay?" Patricia ist schon im Rausgehen begriffen und ruft nur kurz über die Schulter: „Sorry, das müssen wir leider verschieben, mir ist was dazwischengekommen. Aber erstelle mir schon mal eine Statistik für den Monat Januar bitte." Jetzt wird der ruhige Carlos extrem angespannt, die Kolleginnen rollen nur noch mit den Augen. Das ist das fünfte Mal, dass sein Mitarbeitergespräch verschoben wird, und das gefühlt hundertste Mal, dass sie unklar delegiert. Um Klarheit zu erlangen, fragt er noch schnell: „Wie genau soll die Statistik aufbereitet sein?", da huscht Patricia schon aus dem Raum und lässt ihn mit den Worten: „Na ja zum Auswerten …" wie gewohnt weiterhin im Nebel stehen. Drei weitere Anweisungen schickt sie dann noch schnell per Mail mit der Betreffzeile: „Die müssen heute auch noch erledigt werden."

Was oft dahintersteckt

Der Verzettler ist inhaltlich und zeitlich wenig strukturiert und hat Schwierigkeiten, die für eine Führungskraft notwendige Vogelperspektive einzunehmen. Entweder ist er ein sehr sprunghafter Typ, der pausenlos neue Ideen entwickelt und sich schnell in Details verliert, oder er ist ein pflichtbewusster Typ, der es allen recht machen will und sich jede noch so kleine Aufgabe auflädt bzw. aufladen lässt. Neinsagen fällt ihm oft sehr schwer. Manchmal ist es auch einfach nur ein Mensch, der Zeitdruck braucht, um ins Handeln zu kommen. Daher macht er vieles in letzter Minute, was so lange gut geht, wie es nur ihn betrifft, was aber zum Problem wird, sobald andere von seinem knappen Zeitmanagement abhängen.

Gerade wenn Ansagen von oben kommen, gibt der Verzettler diese ungefiltert nach unten weiter. Er erzeugt so für seine Mitarbeiter zum einen einen ständigen Zeitdruck, zum anderen auch eine große Konfusion, weil die Fülle an Aufgaben keine klare Linie erkennen lässt. Was gestern noch aktuell war, kann heute schon wieder anders sein, nur weil der Chef des Verzettlers oder ein aufgeregter Kunde laut geschrien haben. Der Verzettler möchte es dem Vorgesetzten, dem Kunden und vielen anderen recht machen, sämtliche Wünsche erfüllen und so Anerkennung von außen bekommen. Wer Anerkennung von außen braucht, gibt sich selbst nicht genug Anerkennung. Also steckt dahinter oft ein geringes Selbstvertrauen, das er durch Leistung bis zur Erschöpfung zu kompensieren versucht.

Die Fülle an Aufgaben und Prioritäten, die der Verzettler sich auflädt oder aufladen lässt, ist derart hoch, dass er darüber in Stress gerät, wie er das alles schaffen soll. Er verliert aus Überforderung irgendwann komplett den Fokus und den zeitlichen Überblick. Dann kommt er häufig zu spät oder sagt kurzfristig Termine ab. Als Mitarbeiter stresst er sich dabei nur selbst, als Vorgesetzter stresst er leider sein komplettes Umfeld mit, aber niemals berechnend, wie es beim Opportunisten der Fall ist.

Am liebsten hätte er alle Aufgaben sofort erledigt, weil er sie dann aus seinem überfrachteten Gedächtnis streichen kann und weil sein größtes Bedürfnis ist, zu wirken, als hätte er alles im Griff und unter Kontrolle. Mitarbeiter, die Dinge nicht sofort erledigen, erhöhen seine endlose To-do-Liste und lassen ihn ungeduldig werden.

Am liebsten sind ihm Mitarbeiter, die ihm ähnlich sind, die leisten und Dinge abarbeiten bis zum Umfallen. Oft ist der Verzettler auch sehr frustriert, vor allem wenn er einige Karriereschritte nicht gemacht hat, weil ihm der klare Fokus oder die Vision fehlt. Dann fühlt er sich ungerecht behandelt, denn schließlich leistet er ja wie ein fleißiges Bienchen, allerdings ohne herausragende Ergebnisse. Und so leistet er Tag für Tag noch mehr: ein echtes Hamsterrad für ihn und sein Umfeld.

Das Ändern seiner Meinung ist nicht als intrigant zu sehen, sondern weil plötzlich eine neue Perspektive in seinem eh schon so vollen Hirn aufgetaucht ist. Wie der Checker verwirrt er oft mit seinen Aussagen, allerdings nicht, um von Defiziten abzulenken, sondern weil er ungefiltert sein Inneres nach außen kehrt. Oft redet er sich den Stress von der Seele oder versucht, ihn schnell auf die Mitarbeiter zu verteilen. Damit befreit er sich aus seiner Überforderung. Wenn er Dinge vergisst, dann ebenfalls nicht aus Machtgeilheit, sondern stressbedingt.

Häufige Glaubenssätze dieses Chef-Typs sind:

- „Ich muss es allen recht machen."

- „Ich kann nicht Nein sagen."

- „Ich weiß überhaupt nicht, wo ich anfangen soll."

- „Das muss alles noch viel schneller gehen."

Tief im Innern steckt also oft eine tiefe Angst vor Ablehnung oder Überforderung mit dem Inhalt seiner Aufgaben, für die Mitarbeiter wirkt es, als würde er seine Probleme auf deren Schultern abladen.

> *Ist Ihr Chef eher inhaltlich überfordert und dadurch chaotisch oder kann er nicht Nein sagen und halst sich zu viele Aufgaben auf? Wenn Sie den Hintergrund seines Chaos verstehen, können Sie ihm helfen, daraus auszusteigen.*

Warum reagiere ich so empfindlich auf diesen Typ Chef?

Zunächst einmal wird jeder Mensch, der einen gewissen Grad an Empathie hat, den inneren Stress des Verzettlers spüren. Denn unsere Spiegelneuronen sorgen dafür, dass sich seine Unruhe überträgt. Erst wenn wir gelernt haben, den Stress anderer Menschen an uns abfließen zu lassen, können wir besser damit umgehen.

Hinzu kommt wieder einmal: Wenn Sie die gleichen Muster und Glaubenssätze haben wie der Verzettler, d. h., Sie wollen es allen recht machen, Sie wollen leisten, um Anerkennung zu bekommen, Sie können nicht Nein sagen, dann potenziert sich Ihr eigener Stress, denn auf Ihre eigene sicher schon volle To-do-Liste packt der Verzettler noch Tausende von „Prioritäten" obendrauf.

Auch wenn Ihr Selbstbewusstsein nicht gut ausgeprägt ist und Sie ständig denken, dass Sie etwas noch besser machen können oder Dinge ohne Aufforderung machen könnten, dann schlägt der Verzettler mit seinen ständigen neuen oder zusätzlichen Prioritäten in diese Kerbe und gibt Ihnen das Gefühl, immer einen Schritt hinterherzuhinken.

Wenn Sie selbst sehr gut strukturiert und organisiert sind und Strukturiertheit und Überblick bei Ihnen starke Werte sind, wenn Sie sehr fokussiert sind und Ihre Verantwortlichkeiten klar kennen, bringt der Verzettler Ihre Struktur ständig durcheinander. Und das erzeugt bei Ihnen zusätzlichen Stress durch die Verletzung Ihrer Grundprinzipien und Werte.

> Auf welchen Knopf drückt der Verzettler bei Ihnen: Spüren Sie einfach nur seinen Stress, verletzt er Ihre eigenen Werte und Prinzipien oder haben Sie vielleicht sogar ähnliche Verhaltensmuster? Beobachten Sie sich selbst, um den wunden Punkt zu finden.

Was Sie ihm geben sollten

Der Verzettler braucht in erster Linie Unterstützung darin, das vermeintlich Dringende vom Wichtigen zu trennen und im zeitlichen und inhaltlichen Strukturieren von Aufgaben. Dem inhaltlichen Verzettler fehlt oft nur die Vogelperspektive, z. B. woran sein Bereich gemessen wird oder welches die Kernverantwortlichkeiten seines Bereichs sind. Kommt er beispielsweise mit neuen Prioritäten und Aufgaben, gehen Sie selbst in die ihm fehlende Perspektive von oben, z. B. mit einer Aussage wie: „Okay, mache ich, dafür schiebe ich dann die andere Aufgabe nach hinten, denn wir werden als Bereich primär an der neuen Aufgabe gemessen."

Wenn der Verzettler sich kreativ im Detail verliert, können Sie ihm mit Aussagen wie: „Das zahlt auf unser Ziel kaum ein, wir sollten uns nicht darauf fokussieren" zu mehr Zielorientierung verhelfen. In der Regel ist der Verzettler für diese Aussagen sehr dankbar, denn sie bringen ihm Stück für Stück strukturierteres Denken bei.

Der zeitliche Verzettler, der nicht Nein sagen kann und sich immer wieder neue Prioritäten aufhalsen lässt, ist etwas schwerer zu managen. Mit Rückfragen, die auf den Mehrwert der zusätzlichen Aufgaben abzielen, helfen Sie ihm, die Spreu vom Weizen zu trennen. Oder Sie fragen zurück, ob eine Aufgabe nicht eher in einen anderen Bereich gehört. Hat er ein offensichtliches Problem mit dem Neinsagen, hilft es auch, ihm klarzumachen, dass sein Bereich schlecht dastehen kann, wenn er sich alles aufhalsen lässt und für den Bereich wichtige Dinge liegen bleiben. Und schlecht dastehen will derjenige, der Anerkennung braucht, sicher nicht. Sie können ihm die Vorteile von Abgrenzung klarmachen, so es Ihnen selbst gelingt.

Der zeitliche Verzettler, der Druck braucht, um ins Handeln zu kommen, braucht auch von Ihnen Druck. Selbst wenn es Ihnen als strukturierter Mensch seltsam vorkommt, der zeitliche Verzettler funktioniert oft nur so. Sagen Sie ihm, was alles dringend ist.

Wenn der Verzettler Sie mit seiner Wortflut überrollt, hilft es oft, ihn kurz höflich zu unterbrechen und knapp mit eigenen Worte zusammenzufassen, ob Sie ihn richtig verstanden haben. Automatisch können Sie Ihren Worten dann eine entsprechende Knappheit und Sortiertheit geben, die ihm helfen, seine eigenen Gedanken zu strukturieren. Dies könnte so lauten: „Habe ich dich richtig verstanden, dass wir zunächst …, dann …, um am Ende …?"

Worte und Sätze, die er sicher gerne aus Ihrem Mund hört und die Sie bewusst verwenden können, sind:
- „Verstehe ich dich richtig, dass du …"
- „Sollte das nicht der Bereich xy erledigen, damit wir das wichtige yz machen können?"
- „Diese Aufgabe halte ich auch für wichtig für unser Ziel, dafür schiebe ich dann diese Aufgabe nach hinten …"
- „Was ist jetzt wichtiger? A oder B? Ich denke A, weil …"

Worte und Sätze, die Sie vermeiden sollten, sind:
- „Du stiftest so ein Chaos."
- „Das jetzt auch noch, wie soll das denn gehen?"
- „Da müssen wir auch mal NEIN sagen."

Wenn der Verzettler ein großes Problem mit dem Neinsagen hat, werden Sie mit Ihren Fragen an Grenzen stoßen. Dennoch können Sie ihm Stück für Stück helfen, sich besser zu strukturieren und die Vorteile des Neinsagens zu entdecken, z. B. dass man sich dadurch auf das fokussiert, was den eigenen Bereich weiterbringt. Auch hier höhlt der stete Tropfen den Stein.

Sollten alle vorgeschlagenen Tipps nicht helfen, sollten Sie dem Verzettler Ihren Arbeitstag in Stunden aufgeteilt darlegen und ihm die Notwendigkeit klar machen, einzelne Aufgaben zu streichen, da sonst wichtige Dinge, für die der Bereich verantwortlich ist, liegen bleiben. So bekommt er den ihm oft fehlenden Gesamtüberblick. Formulieren Sie Ihre Vorschläge bewusst als Ideen und nicht mit dem erhobenen Zeigefinger. Denn der Verzettler weiß um seine Defizite, er weiß auch darum, dass diese ihm schaden könnten. Was er nicht braucht, sind Mitarbeiter, die alles besser wissen und ihm so seine Defizite unter die Nase reiben. Er nimmt in der Regel Ihre Hilfe gerne an, so sie mehr Struktur vorschlägt. Da hat er auch gar keine Allüren. Sie können sich seiner Unterstützung für Ihre Karriere gewiss sein.

Wie kann ich mich ihm gegenüber anders aufstellen?

Üben Sie sich zunächst darin, Emotionen anderer nicht zu Ihren eigenen werden zu lassen. Diese Form der Abgrenzung ist in vielen Fällen hilfreich. Denn wenn wir negative Emotionen anderer teilen, potenzieren wir sie oft nur. Wir machen es anderen dann nicht leichter, im Gegenteil: Wir richten den Fokus noch mehr darauf und haben am Ende zweimal Stress: bei uns und bei ihnen. Geteiltes Leid ist eben doch nicht halbes, sondern doppeltes Leid. Schaffen Sie sich ein Ritual, bei dem Sie den Stress des anderen an sich abfließen lassen. Manche meiner Klienten visualisieren, dass sie unter einer Käseglocke sitzen, den anderen zwar noch sehen, aber nicht mehr seine Gefühle durch die Glaswände der Glocke lassen, andere schaffen sich einen Ritterumhang aus Netzstoff, durch den gute Emotionen von außen hindurch gelangen und schlechte abprallen. Entwickeln Sie sich Ihr eigenes inneres Bild und testen Sie es zunächst in harmloseren Situationen und mit anderen Menschen, die Sie weniger auf die Palme bringen, übertragen Sie es dann auf Ihren Chef.

Wenn Sie ebenfalls wenig strukturiert sind, beamen Sie sich täglich in eine Art Vogelperspektive, schauen Sie einmal kurz morgens von oben auf Ihre Tätigkeit und überlegen Sie, welche drei Dinge unbedingt an diesem Tag erledigt werden müssen, weil sie wichtig sind fürs Geschäft. Besteht Ihr Job eher aus einer Anhäufung von Routinetätigkeiten oder sind Sie sehr stark fremdgesteuert, z. B. in einem Call-Center, dann lernen Sie, in Zeitsequenzen zu denken. Das heißt, seien Sie voll im Moment, denken Sie nicht schon an die nächste Aufgabe. Legen Sie stattdessen eine Liste an, auf der Sie noch zu erledigende Aufgaben parken und somit aus Ihrem Kopf verschwinden lassen können. Konzentrieren Sie sich auf das, was Sie gerade erledigen.

Wenn Sie selbst nicht Nein sagen können oder Angst vor Ablehnung haben, dann üben Sie zunächst in einem Umfeld außerhalb der Arbeit, in kleinen Dingen Nein zu sagen und mögliche Ablehnung auch einmal auszuhalten. Meist fällt diese weniger schlimm aus als befürchtet. Im Gegenteil: Wenn wir uns abgrenzen und Nein sagen, werden wir berechenbarer für andere. Diese wissen dann, wie wir wirklich denken, denn wir sagen nicht zu allem Ja und Amen. Und das ist fairer, als immer aus Pflichtbewusstsein ein Ja zu heucheln. Probieren Sie doch einmal aus, einmal täglich bewusst zu etwas Nein zu sagen, und damit meine ich nicht ein zickiges „Ätsch, mache ich nicht"-Nein, sondern ein neutral formuliertes Nein, im Sinne von: „Nein, ich möchte dich bitten, das selbst zu machen." Oder: „Nein, das ist die Aufgabe von XY." Je mehr Sie sich darin üben, umso besser wird es sich anfühlen, und irgendwann trauen Sie sich auch, dem Chef gegenüber ein gut begründetes Nein zu formulieren. Davon kann der Vorgesetzte dann hervorragend lernen, Sie liefern die Argumentation schließlich gleich mit.

Wenn Sie Angst haben, Dinge liegen zu lassen, fragen Sie sich: „Was ist das Schlimmste, das passieren kann?" Haben Sie nur Angst vor Ablehnung oder hatten Sie einmal eine schlechte Erfahrung mit dem Thema „Dinge liegen lassen"? Vielleicht ist es auch nur ein anerzogenes Pflichtbewusstsein oder das Muster, für Anerkennung leisten zu müssen, dann könnte jetzt ein guter Moment sein, dieses loszulassen und sich selbst etwas mehr Anerkennung für die eigenen Leistungen zu schenken.

Wenn Sie ein sehr strukturierter und organisierter Mensch sind, machen Sie sich doch einen Sport daraus, Ihrem Chef durch kluge Argumentation oder durch Schildern Ihrer eigenen Erfahrungen zu mehr Struktur zu verhelfen. Normalerweise nimmt er dies dankbar an. Statt genervt zu sein über sein Chaos, können Sie ihm in wenigen kurzen Sätzen erklären, wie Sie an eine neue Aufgabe herangehen, und ihm so beibringen, wie er es selbst verändern kann. Normalerweise ist er dafür offen, wenn Sie nicht mit dem erhobenen Zeigefinger, sondern eher sachlich und mit Leichtigkeit Ihre Denkweise formulieren.

Auf den Punkt gebracht

Sind Sie ähnlich chaotisch wie Ihr Chef oder haben Sie Angst, Nein zu sagen, oder Angst vor Ablehnung, dann üben Sie zunächst auf neutralem Terrain diese Fähigkeit, bevor Sie es auf den Chef übertragen. Sind Sie besonders strukturiert oder haben Sie den Überblick, betrachten Sie es als Aufgabe, dem Chef Stück für Stück zu mehr Strukturiertheit und Vogelperspektive zu verhelfen. Schaffen Sie sich ein Schutzschild gegen seinen Stress.

Typ 8: Der Aussitzer ohne Konflikt- und Entscheidungs-Gen

Der Aussitzer scheut sowohl Konflikte als auch Entscheidungen. Gerne delegiert er Verantwortung, redet viel über mögliche Probleme und Schwierigkeiten und verkompliziert einfache Sachverhalte, um von seiner Entscheidungsschwäche abzulenken. Selten setzt er seine Meinung durch, vor allem nach oben kuscht er und geht notwendigen Konflikten aus dem Weg. So hält er z.B. an Mitarbeitern fest, nur weil sein Chef sie mag, oder er verteidigt Entscheidungen, nur weil der Chef sie getroffen hat. Im Gegensatz zum Opportunisten geht es ihm aber nicht um Macht und Karriere um jeden Preis, sondern vielmehr darum, komplizierte Diskussionen zu vermeiden. Mitarbeiter fühlen sich oft im Regen stehen gelassen, da er sie in Konflikt- und Entscheidungssituationen schiebt, die eigentlich er lösen müsste.

> *Klaus Mehrbach ist zur wöchentlichen Projektbesprechung im Büro seiner Chefin Beate Grimbach. Handlungsorientiert und strukturiert beginnt er das Gespräch: „Beate, ich brauche deine Entscheidung über die Investition von 200.000 Euro. Ich habe die fehlenden Daten zusammen, um die du mich im letzten Termin gebeten hast." Beate Grimbach hatte Klaus Mehrbach wegen dieser Investitionsentscheidung bereits zweimal zurückgeschickt, um noch weitere Informationen zu sammeln. Sie schaut sich die Daten an und hält dann einen langen Monolog. Sie möchte das Risiko der Entscheidung noch weiter eingrenzen, da seien noch so viele lose Enden und so viele Eventualitäten. Klaus möge bitte noch Rücksprache mit mehreren angrenzenden Bereichen halten, wie diese das Risiko beurteilen. Klaus ist*

wütend über diese Salami-Taktik, jedes Mal kommen neue Probleme auf den Tisch, jedes Mal wird er wieder „in die Strafrunde" geschickt, jedes Mal redet sie stundenlang völlig wirres und rein hypothetisches Zeug. Beate Grimbach wechselt, ohne seine Reaktion abzuwarten, nach ihrem Monolog zu einem anderen Thema: „Vom Chef kam gestern die klare Ansage, dass wir beim Kunden Wegener 100.000 Euro mehr Umsatz machen müssen in diesem Jahr. Es ist dein Kunde, kümmerst du dich bitte darum?" Klaus platzt fast der Kragen: „Hast du ihm nicht gesagt, dass wir bei dem Kunden am absoluten Limit sind und Gefahr laufen, ihn zu vergraulen, und dass stattdessen mein Vorschlag von eben sogar den doppelten Umsatz generiert?" Ihre Antwort: „Doch, das habe ich gesagt, aber er will es anders. Und wenn er es so will … Ich glaube, er hat recht. Da geht noch mehr." Klaus verlässt wütend Beates Büro mit dem Gedanken: „Das ist mal wieder klar, kein Risiko eingehen, keine Entscheidungen treffen oder die bereits getroffene Entscheidung revidieren, um nur nirgends anzuecken, überall Probleme sehen, und wenn Druck von oben kommt, dem Konflikt mit dem Chef aus dem Weg gehen, klein beigeben und bei mir diese utopischen Forderungen abliefern. Vor ein paar Wochen hat sie die Entscheidung getroffen, dass wir den Kunden nicht weiter bedrängen können, und heute tut sie so, als hätte sie das nie gesagt. Ich kündige."

Was oft dahintersteckt

Der Aussitzer steckt in der Regel voller Ängste und Zweifel. Zum einen hat er oft große Angst, falsch zu entscheiden, und würde am liebsten alle Eventualitäten einer Entscheidung kontrollieren können. Mit der einer Entscheidung immanenten Unsicherheit kann er nur schwer umgehen. Vielleicht hat er einmal mit einer Fehlentscheidung schlechte Erfahrungen gesammelt. Oder er hat einfach nur aus Schulzeiten eine große Angst vor Fehlern abgespeichert. Dies klingt paradox, ist aber oft der scheinbar banale Grund für diese Ängste. Vielleicht steckt auch nur die Angst dahinter, sich irgendwo unbeliebt zu machen, denn jede Entscheidung für etwas ist eben auch eine Entscheidung gegen etwas anderes.

Meist will der Aussitzer es allen recht machen, er möchte gemocht werden, vor allem vom Chef. Dabei geht es nicht wie beim Opportunisten um die Karriere um jeden Preis, sondern vielmehr darum, einer wichtigen Bezugsperson zu gefallen. Daher wägt er sehr sorgfältig jede Entscheidung ab, trifft sie oft eben auch nicht oder revidiert eine getroffene Entscheidung, sobald Gegenwind kommt. Er versucht, durch Rückfragen und das Aufbringen von neuen Problemen Zeit und mehr Informationen zu gewinnen, sodass er sich sicherer fühlt bzw. eben die Entscheidung noch nicht treffen muss. Unbewusst delegiert er die Verantwortung für Entscheidungen durch viele Rückfragen an den Mitarbeiter weiter. Durch das Aufbringen vieler Probleme und das Stellen vieler Fragen versucht er, sich in alle Richtungen abzusichern. Mit jeder Rückfrage gewinnt er eine Information mehr, aber dummerweise wirft jede Rückfrage auch neue Fragen auf, sodass sein Ziel, sich abzusichern, einer Fata Morgana gleicht.

Seine Selbstsicherheit ist oft sehr gering ausgeprägt. Häufig kommt er aus einer Familie, in der er Ablehnung durch einen Elternteil erfahren hat, die er in die Arbeitssituation projiziert. Da das Angestellten-Chef-Verhältnis genauso hierarchisch ist wie das Vater-Kind- oder Mutter-Kind-Verhältnis, ist diese Querverbindung nicht selten.

Oft ist er in einem Umfeld aufgewachsen, in dem alles schwierig war und viele Probleme thematisiert wurden. Er ist somit geprägt von einem starken Defizit-Denken und der festen Überzeugung, dass die Welt irgendwie schlecht ist und überall Gefahren lauern könnten.

Ferner hat der Aussitzer ein sehr ausgeprägtes Harmoniebedürfnis. Konflikte begreift er nicht als Chance, sondern als Störung zwischenmenschlicher Beziehungen. Seine Angst vor Ablehnung und sein Wunsch, allen zu gefallen, sorgen dafür, dass er Konflikte vermeidet, wo es nur geht. Im Stillen hofft er immer, dass sich Probleme von selbst lösen oder dass andere sie für ihn lösen.

Gelegentlich haben wir beim Aussitzer auch einen Hang zum Mikromanager, der Probleme hat, in die Vogelperspektive zu kommen und die Tragweite von Entscheidungen vollständig einzuschätzen. Dieser fehlende Überblick bewirkt ebenfalls Angst. Oft plagen ihn starke Selbstzweifel, ob er kompetent genug ist.

Sind in Entscheidungen hohe Summen involviert, kann die Herkunft des Aussitzers eine erhebliche Rolle spielen. Kommt er beispielsweise aus ärmlichen Verhältnissen, erschrecken ihn oft die Summen, die er am Arbeitsplatz jonglieren darf bzw. in seinen Augen jonglieren muss. Er agiert in Dimensionen, die ihm fremd sind und somit Angst machen.

Häufige Glaubenssätze dieses Chef-Typs sind:

- „Ich muss es allen recht machen."
- „Ich darf keine Fehler machen."

- „Hauptsache kein Streit."

- „Hoffentlich habe ich nichts übersehen."

- „Der Teufel steckt im Detail."

- „Bloß nicht anecken."

Er schickt Sie also nicht zurück, um Sie zu ärgern oder herauszufordern, sondern um für sich selbst mehr Sicherheit zu bekommen, die er aufgrund seiner Ängste und Selbstzweifel nicht hat.

Hat Ihr Chef mit Fehlern oder Entscheidungen einmal schlechte Erfahrungen gesammelt? Oder treiben ihn einfach nur Selbstzweifel, die Angst vor Ablehnung oder ein starkes Harmoniebedürfnis? Wenn Sie sein Muster aufspüren, können Sie besser damit umgehen und ihm helfen, daraus auszusteigen.

Warum reagiere ich so empfindlich auf diesen Typ Chef?

Die meisten Mitarbeiter fühlen sich durch den Aussitzer ausgebremst. Ihre Projekte gehen gefühlt nicht vorwärts und sie drehen eine Extraschleife nach der anderen, die wie als Strafrunde beim Biathlon empfunden werden.

Wenn Sie selbst eher dynamisch arbeiten und schnelle Entscheidungen mögen, sind Sie natürlich doppelt betroffen, denn das Ausbremsen durch den Aussitzer gleicht nun schon einer Vollbremsung auf der Überholspur.

Auch wenn Sie tendenziell eher positiv und in Lösungen denken, können die Negativität und das ständige Zweifeln

und Infragestellen durch diesen Vorgesetzten Ihre Grundwerte und Überzeugungen verletzten. Sie werden sich also
besonders schwer mit diesem Vorgesetzten tun, wenn Sie
andere Werte haben, nämlich Lösungsorientierung, Risiko-
bereitschaft, Dynamik, und einfach ein Macher sind.

Wenn Sie Konflikte als notwendig ansehen oder ihnen zumindest nicht aus dem Weg gehen, empfinden Sie diesen
Vorgesetzten-Typ als sehr duckmäuserisch und schwach.
Dies widerspricht unserem Wunsch nach einer starken Füh-
rungspersönlichkeit. Gerne haben wir über uns Menschen,
an denen wir uns orientieren können, die uns eine klare
Richtung bzw. Leitplanken vorgeben, innerhalb deren wir
uns entfalten können.

Wer das Ändern von Meinungen des Vorgesetzten als
Drehen des Fähnchens im Wind empfindet und persönlich
nimmt, empfindet nicht ausreichend Rückendeckung. Viele
Mitarbeiter fühlen sich im Stich gelassen, weil Entscheidungen über den Haufen geworfen werden oder weil von ihnen
unterbreitete Vorschläge durch massiven Problem-Talk in
Grund und Boden geredet werden. Oft steckt dahinter auch
eine Geschichte aus der Kindheit, in der sie von jemandem
im Stich gelassen wurden oder sich z. B. von einem Elternteil
(z. B. bei einer Trennung oder Scheidung) allein gelassen
gefühlt haben. Dies ist ein scheinbar anderes Feld, bedient
aber die gleichen Emotionen.

Und wieder einmal: Wenn Ihr Selbstvertrauen bröckelig ist,
wird der Aussitzer Sie mit seinen ständigen Rückfragen immer wieder in Zweifel stürzen, ob Sie wirklich alles bedacht
haben, ob Sie sorgfältig oder gut genug gearbeitet haben.
Und da er mit jeder Frage bei Ihnen fünf weitere Fragen
aufwirft, verstärken sich Ihre Selbstzweifel oft exponentiell.

> Verletzt der Aussitzer Ihre eher dynamischen Werte oder verstärkt er Ihre Selbstzweifel? Fühlen Sie sich im Stich gelassen, vielleicht so wie früher schon einmal? Oder einfach nur ausgebremst? Nehmen Sie wertfrei Ihre Emotionen wahr.

Was Sie ihm geben sollten

Der Aussitzer braucht viel Sicherheit, dass eine Entscheidung einen positiven Effekt für ihn und sein Geschäft hat, sowie ein gesundes Abwägen zwischen Chancen und Risiken. Wenn er eine Entscheidung treffen soll, sollten Sie sämtliche Fakten aufbereiten und gleich den Vorschlag mitliefern, wie Sie entscheiden würden und warum. Lassen Sie dabei Probleme nicht unter den Tisch fallen, denn die wird der Aussitzer ohnehin sehen. Zeigen Sie vielmehr auf, was Sie zum Lösen oder Überwinden der Probleme vorschlagen. Ähnlich können Sie vorgehen, wenn der Aussitzer Sie nur mit Problemen und Risiken konfrontiert. Zeigen Sie immer gleich die Kehrseite der Medaille auf oder wie diese Einwände lösbar wären. Diesen zusätzlichen Denkschritt macht Ihr Chef nämlich oft selbst nicht. Sobald er das Gefühl hat, dass vieles lösbar oder irgendwie kontrollierbar ist, wird er sich eher zu einer Entscheidung durchringen.

Wenn der Aussitzer auf Druck von oben neu oder umentscheidet, quittieren Sie dies nicht sofort mit Ablehnung oder Augenrollen. Er ist sich meist selbst bewusst, dass dies nicht seine stärkste Stunde ist. Äußern Sie lieber ein gewisses Verständnis und versuchen Sie, die Brücke zu schlagen, indem Sie

die Entscheidung seines Vorgesetzten hinterfragen. Sie könnten fragen, was der Vorgesetzte mit seinem Feedback oder
seiner Entscheidung beabsichtigt und wie man diese Ziele des
Vorgesetzten erfüllen kann, ohne die eigene Entscheidung
über Bord zu werfen. So bringen Sie Ihrem Chef Stück für
Stück bei, nicht gleich den Kopf einzuziehen, sondern konst-
ruktiv Einwände des eigenen Vorgesetzten in Zukunft zu hinterfragen. Machen Sie dabei unbedingt klar, dass Sie nicht der
Besserwisser sind, sondern dass Ihnen daran liegt, gemeinsam
etwas zu erreichen, von dem das Unternehmen noch mehr
profitieren kann als von der revidierten Entscheidung.

Wenn der Aussitzer in Ihren Augen notwendigen Ausein-
andersetzungen aus dem Weg geht, um nicht anzuecken
oder weil er es allen recht machen will, kann ein vorsichtiger
Hinweis darauf, dass ein Vermeiden von Entscheidungen
oder Konflikten viele Leute in der Luft hängen lässt oder
sogar dem Bereich seines Chefs Schaden zufügen könnte,
Wunder wirken. Denn damit treffen Sie genau den wunden Punkt: Er möchte schließlich, dass es allen gut geht,
bewirkt aber das Gegenteil, indem er den Konflikt scheut.
Hier können Sie Ihren Chef bewusst mit sorgfältig gewählten
Worten in einen gewissen Schmerz bringen. Denn aus dem
Schmerz erfolgt oft die Veränderung. Auch das Aufzeigen
positiver Konsequenzen von Entscheidungen und Konflikten oder sogar negativer Konsequenzen beim Vermeiden
derselben kann Ihren Chef aus seiner Starre bringen, denn
negative Konsequenzen will er natürlich verhindern. Er will
alles möglichst richtig machen, d. h. positive Konsequenzen
haben. Oft braucht es nur diese kurze Begründung, warum
eine schnelle Entscheidung oder eine Auseinandersetzung
wichtig sind, und schon stellt er sich anders auf.

Wo immer es im Rahmen Ihrer Kompetenzen liegt, treffen Sie Entscheidungen und gehen Sie in Konflikte und berichten Sie Ihrem Chef von dem Entscheidungsprozess und dem Konfliktverlauf. Zeigen Sie dabei auf, was gut lief und was vielleicht auch schwierig war und wie Sie die Schwierigkeiten überwunden haben. Allein durch Ihre Geschichten kann Ihr Vorgesetzter auch lernen. Tun Sie aber nicht so, als sei alles ganz einfach, damit Ihr Chef nicht denkt, er sei komplett blöd. Bringen Sie ruhig ein paar Details in Ihre Erzählungen, die sowohl Leichtigkeit als auch die Stellen aufzeigen, wo es ein wenig knirscht. Ausgewogenheit von Vor- und Nachteilen ist hier das A und O.

Worte und Sätze, die er sicher gerne aus Ihrem Mund hört und die Sie bewusst verwenden können, sind:

- „Die Entscheidung hat folgenden Vorteil und folgende Nachteile, die wir so überwinden können …"
- „Durch diese Auseinandersetzung erzeugen wir klare Positionen für alle Beteiligten."
- „Ja, das kann ein Problem sein, das wir aber auf diese Art lösen könnten."
- „Was will dein Chef wohl erreichen mit seiner Entscheidung? Und wie können wir das trotzdem schaffen, ohne unsere Entscheidung zu kippen?"

Worte und Sätze, die Sie vermeiden sollten, sind:

- „Ständig gehst du Konflikten aus dem Weg."
- „Unsere Entscheidungen brauchen zu lange."
- „Das ist alles gar kein Problem."

Der Aussitzer tut sich vor allem schwer mit generellen Aussagen ohne Fakten. Daher benötigt er von Ihnen immer einen recht umfassenden Überblick über sämtliche Vor- und Nachteile einer Entscheidung oder eines Konflikts. Auch die Frage, warum er es für sinnvoll hält, eine Entscheidung aufzuschieben, kann hilfreich sein. So verstehen Sie auch die letzten Bedenken und wissen, welche Fakten Sie hier noch dagegensetzen müssen.

Wie kann ich mich ihm gegenüber anders aufstellen?

Akzeptieren Sie zunächst die Ängste und Zweifel Ihres Vorgesetzten zum Thema Entscheidungen und Konflikte. Stellen Sie sich für einen Moment vor, Sie würden es allen recht machen wollen oder hätten Angst vor Fehlern. Dann würden Sie wahrscheinlich ähnlich handeln.

Betrachten Sie seine Schwäche als Chance für sich selbst, sich in Weitblick zu üben, im Denken in seine Rolle zu schlüpfen und daran zu wachsen. Eines Tages haben Sie dann, so Sie wollen, auch eine solche Rolle und profitieren vom Gelernten.

Er schickt Sie nicht mit mehr Fragen als Antworten zurück, um Sie zu ärgern, sondern um für sich Zeit und Sicherheit zu gewinnen. Machen Sie sich einen Sport daraus, ihm bei jeder Situation weniger Angriffsfläche für ein Zurückschicken zu geben, indem Sie die bewusste Ecke weiter denken. Sie können sogar eine Fortschrittskurve malen, auf der Sie visualisieren, wie viel schneller er durch Ihr Zutun entscheidet oder wie viel seltener er Sie in die Strafrunde schickt. Feiern Sie jede noch so kleine Entwicklung und erfreuen Sie sich an dem gemeinsamen Wachstum.

Wenn Sie sich selbst mit Entscheidungen und Konflikten schwertun, haben Sie nun die perfekte Möglichkeit, gemeinsam diese Ängste zu überwinden und jeden Tag ein bisschen schneller zu entscheiden oder bewusst in den einen oder anderen Konflikt zu gehen. Sie können Ihren Chef sogar dazu ermuntern, mit Ihnen gemeinsam einen bisher vermiedenen Konflikt anzugehen. So können Sie sich gegenseitig Mut machen. Respektieren Sie aber bei allem Vorgehen, dass er der Chef ist. Auch wenn Sie eine Schwäche teilen oder in puncto Entscheidung und Konflikt besser sind als Ihr Vorgesetzter, er ist und bleibt der Vorgesetzte.

Nehmen Sie innerlich den Fuß ein wenig vom Gas. Akzeptieren Sie, dass der Weg, auf dem Sie gehen, wenn Sie Ihren Chef ein wenig schubsen, zunächst noch zugewachsen sein kann und erst mit der Zeit ein Trampelpfad für neue Gewohnheiten daraus entsteht. Gerade wenn Sie ein Macher sind, lassen Sie Ihre Dynamik und Ihr Macher-Gen anfangs vor der Tür, bevor Sie zu Ihrem Chef gehen. Aktivieren Sie stattdessen Ihr Gedulds-Gen. Allein eine solche symbolische Vorgehensweise beim Betreten seines Büros kann schon ein anderes Auftreten von Ihrer Seite bewirken und Ihrem ohnehin schon verunsicherten Vorgesetzten mehr Sicherheit suggerieren. Und die überträgt sich.

Auf den Punkt gebracht

Akzeptieren Sie die Ängste Ihres Chefs und üben Sie sich in Geduld oder darin, selbst mehr Überblick, mehr Entscheidungskraft und mehr Konfliktbereitschaft zu bekommen. Führen Sie sich und Ihrem Chef vor Augen, dass getroffene Entscheidungen und eingegangene Konflikte für andere fairer sind als Vermeidungsstrategien. Beleuchten Sie die Medaille immer von beiden Seiten und vermeiden Sie Positiv-Generalisierungen oder Vorwürfe.

Typ 9: Der emotional Verstrickte mit dem Klüngel- und Ungleichbehandlungs-Gen

Der emotional Verstrickte ist oft ein guter Freund oder sogar die Liaison seines eigenen Chefs oder des Vorstands oder Firmeninhabers. Dieser Typ Vorgesetzte kann das Private vom Beruflichen nicht trennen, hat viele Insider-Informationen und spielt diese auch aus.

Oft hat er unter den Mitarbeitern gute Freunde, Freunde der Familie oder sogar Verwandte. Das private Geklüngel zieht sich manchmal durch das ganze Unternehmen. Sein Mitarbeiter, der guter Freund oder sogar Beziehung ist, hat meist mehr Informationen als andere, wird besser bezahlt und bevorzugt behandelt. Alle anderen Mitarbeiter fühlen sich als Mitarbeiter zweiter Wahl oder einfach ausgegrenzt. Nicht selten lassen sich emotional verstrickte Mitarbeiter für Intrigen des Chefs instrumentalisieren. Sie fungieren quasi als dessen verlängerter Arm, was den Frieden im Team erheblich stören kann.

Martina Stratmann arbeitet seit zwei Wochen als Key-Account-Managerin in einem mittelständischen Unternehmen. Neben ihr gibt es zwei weitere Großkundenbetreuer: Andrea Wacker und Dieter Steb. Die drei Vertriebsmitarbeiter teilen sich ein Büro. Während einer Mittagspause beschwert sich Martina, dass sie die vom Vorgesetzten Michael Schott gewünschten Konditionen nicht erreichen könne. Sie habe sich beim Kunden schon totverhandelt. Die beiden anderen reagieren zunächst schweigend. Dieter Steb sagt nur ganz lapidar: „Hab Geduld, am Anfang versuchen alle Kunden, dir Zugeständnisse abzuringen. Glaub mir, irgendwann schlägst du denen den Wunsch nach 2 Prozent mehr Marge aus. Ich kriege meine 10 Prozent immer durch, keinen Cent mehr." Andrea Wacker lächelt süffisant und sagt: „Tja, da kennt der Michael leider keine Gnade. Ich glaube, er findet sogar, dass bei dir 8 Prozent drin sein müssten." Martina reißt die Augen weit auf. „Woher willst du das denn wissen?" „Ach", erwidert Andrea, „irgendwann kennt man ihn", und widmet sich wieder ihrer Arbeit. Martina arbeitet die Mittagspause durch, während die beiden Kollegen zum Essen gehen. Auf Dieters Schreibtisch liegt ein Stapel unterzeichneter Kundenverträge, alle mit einer Marge von 12 Prozent. Sie traut ihren Augen nicht, von wegen irgendwann kriegst sogar 8 Prozent. Martina muss sich erst einmal beruhigen und trifft vor der Tür die Sekretärin des Werksleiters. Diese bemerkt sofort, dass etwas nicht stimmt, und spricht Martina darauf an. Martina schildert in ihrer Wut ihren Verdacht, dass ihr Chef mit zweierlei Maß misst. Die Sekretärin lacht laut auf. „Na logisch misst er mit zweierlei Maß", antwortet sie, „mit der einen ist er im Bett und mit dem anderen spielt er seit 40 Jahren Fußball. Da hast du echt einen strategischen Nachteil. Dachte, er kennt dich auch irgendwoher." Als Martina zurück ins Büro kommt, steht Michael Schott am Schreibtisch der beiden Mitarbeiter. Die drei unterhalten sich über Abläufe in der Abteilung, die auch Martina betreffen. Sie versucht, sich in das Gespräch einzuklinken, aber Michal ignoriert sie förmlich. Sie fühlt sich ausgegrenzt und als Mitarbeiter zweiter Klasse.

Was oft dahintersteckt

Der emotional Verstrickte hat sicher zunächst einmal das Problem, dass er Privates und Berufliches nicht trennen kann, da seine Verbindung zu einzelnen Mitarbeitern zu eng ist. Sicher hat jeder Chef Mitarbeiter, mit denen er besser oder weniger gut klarkommt. Im Fall einer Liebesbeziehung, einer langjährigen privaten Freundschaft oder eines Verwandtschaftsverhältnisses haben wir es mit starken emotionalen Verflechtungen zu tun. Hinzu kommt sicher eine gewisse Blindheit, denn die Menschen, die wir lieben oder besonders mögen, müssen sich schon einiges leisten, bis wir ihnen überhaupt ein Fehlverhalten unterstellen. Daher kommen die emotional Nahestehenden immer besser weg. Im Zweifel werden Dinge zu deren Vorteil ausgelegt.

Die zweite Frage ist, warum jemand auf so unprofessionelle Art seine Stellen besetzt. Denn häufig geht es bei der Auswahl von guten Freunden oder Bekannten als Mitarbeiter nicht um Kompetenz, sondern um Sympathie. Hier kommt es darauf an, welcher Zweit-Typ der emotional Verstrickte ist. Ist er machtbesessen, möchte er mit den persönlichen Kontakten verlängerte Machtarme installieren. Ist er ein Kontrollfreak, setzt er mit den emotional verstrickten Mitarbeitern zusätzliche Kontrollinstanzen ein. Da er nur wenigen Menschen vertraut oder ihnen etwas zutraut, baut er außerdem auf die Menschen, die er richtig gut kennt, denen er also noch am ehesten sein Vertrauen schenken kann. Ist der Vorgesetzte vielleicht ein Aussitzer mit viel Harmoniewunsch, dann setzt er die guten Bekannten ein, um Konflikte zu vermeiden. Es könnte aber auch ein Vorgesetzter vom Typ Checker sein, der einfach sicherstellen will, dass seine

Ideen durchgebracht werden ohne große Gegenwehr. Und dazu sucht er sich in seinem Umfeld Menschen, die er so gut kennt, dass er weiß, dass sie nicht widersprechen werden. Es ist also entscheidend, welche primäre Motivation hinter der emotionalen Verstrickung steht. Für den Fall, dass Sie eine Motivation identifizieren können, sollten Sie auch unter diesem Chef-Typ nachlesen, denn alles, was dort steht, gilt auch für den emotional Verstrickten, aber es gelten auch einige Besonderheiten, die in diesem Kapitel zusätzlich behandelt werden.

Eventuell ist der emotional Verstrickte auch für seinen Job wenig geeignet, ist sich dessen bewusst, und versucht durch die Auswahl von Mitarbeitern, die ihn privat mögen und lieben, von seiner fachlichen Inkompetenz so lange wie möglich abzulenken. In den seltensten Fällen sucht er sich Menschen mit speziellen Kompetenzen, seien es Fach- oder organisatorische Kompetenzen.

Hinzu kommt beim emotional Verstrickten oft eine geringe Professionalität. Möglicherweise sind die Personalstrukturen historisch gewachsen und er traut sich nicht, etwas daran zu ändern, z. B. in Familienbetrieben, wo bereits die Eltern diesen Klüngel gepflegt haben. Dann will er oft die eigenen Eltern nicht vor den Kopf stoßen und führt das Konstrukt weiter, auch wenn er es möglicherweise selbst nicht gutheißen kann.

Oft hat der emotional Verstrickte auch eine große Angst vor fremden Menschen und schart daher gute Bekannte um sich herum. In diesem Fall trägt er einige Elemente des Emotionslegasthenikers.

Es ist aber auch gut möglich, dass er Erwartungen erfüllen möchte und beispielsweise dem Partner, dem Bekannten oder dem Kind des Bekannten, die sonst nirgendwo einen Job gefunden hätten, eine Chance bieten wollte. Oft steht dahinter der starke Wunsch nach Anerkennung, die man zweifelsohne erhält, wenn man sich so heldenhaft um die Zukunft von Menschen kümmert. Wie es um das Ego dieses Chefs bestellt ist, muss hier nicht erwähnt werden. Er sucht Bestätigung für sein Heldentum im Außen.

Die häufigsten Glaubenssätze dieses Chef-Typs sind bei den entsprechenden Untertypen zu finden, je nachdem, welches seine Motivation für die emotionale Verstrickung ist. Glaubenssätze, die hier sicher noch dazukommen können, sind je nach Situation:

- „Ich muss meinem Freund/meiner Freundin einen Gefallen tun."

- „Ich kann nicht Nein sagen."

- „Ich muss ihn/sie schützen."

- „Mir traut keiner etwas zu, ich mir auch nicht."

Auch wenn hinter dem emotional Verstrickten oft ein zweiter Chef-Typ lauert, ist sein Verhalten immer von starken Emotionen für eine oder mehrere Personen überlagert.

Welcher Zweit-Typ ist Ihr emotional verstrickter Chef? Welches ist seine Motivation, gute Freunde oder sogar Liebesbeziehungen um sich zu scharen? Ist es eine bewusste Wahl oder ist es historisch gewachsen? Oder ist er einfach nur so unprofessionell, Privates und Beruf zu mischen und zu glauben, er könne es trennen? Wenn Sie sein Warum kennen, können Sie gezielter mit ihm umgehen.

Warum reagiere ich so empfindlich auf diesen Typ Chef?

Auch wenn der emotional Verstrickte sich bemüht, alle Mitarbeiter gleich zu behandeln, es wird ihm bei dem Grad an involvierter Emotionalität schier unmöglich sein. Unser Gerechtigkeitsempfinden ist massiv gestört und wir fühlen uns als Menschen zweiter Klasse. Es macht sich eine gewisse Machtlosigkeit bzw. Ohnmacht breit, weil wir als Mitarbeiter objektiv wissen, dass wir dem emotional nahestehenden Mitarbeiter niemals das Wasser reichen können und immer einen Nachteil haben werden. Aus dieser Ohnmacht entsteht oft eine unbändige Wut über diese Ungerechtigkeit. Und wenn der Chef sogar bewusst ungleich behandelt, macht es die Situation noch emotionaler und unsere Wut steigert sich wegen seiner mangelnden Professionalität.

Besonders empfindlich reagiert, wer privat emotional gerade nicht in guter Verfassung ist. Haben Sie beispielsweise eine gescheiterte Beziehung hinter sich, dann trifft Sie dieses Gemauschel am Arbeitsplatz doppelt. Wenn Sie einen Partner oder Freunde haben, von denen Sie sich oft im Stich oder allein gelassen fühlen, dann zeigt dieser Vorgesetzte Ihnen sehr plakativ auf, dass es auch anders geht. Er schützt seine Schäfchen privat und beruflich über jedes normale Maß hinaus. Und das wollen Sie natürlich nicht täglich aufs Brot geschmiert bekommen.

Auch hier kann wieder eine massive Werteverletzung vorliegen, wenn Kompetenz und Professionalität für Sie dominierende Werte sind. Dann erschließt sich Ihnen überhaupt nicht, wie so mancher Mitarbeiter in seinen Sessel kam und dort auch noch beschützt wird. Und wenn Leistung einer

Ihrer Grundwerte ist, stört es Sie massiv, wenn Sie sich ab-rackern und andere sich gefühlt alles erlauben können, ohne irgendeine Leistung abzuliefern.

> **!** Ist es mehr die Ungerechtigkeit, die Sie verletzt, oder haben Sie privat ein Problem mit Freunden und Beziehungen, an das Sie durch den emotional Verstrickten erinnert werden? Oder ist einer Ihrer Werte wie Kompetenz, Professionalität oder Leistung verletzt? Spüren Sie in sich hinein, wo Ihr Schmerz bei diesem Vorgesetzten am größten ist.

Was Sie ihm geben sollten

Der emotional Verstrickte ist sich häufig der Unprofessionalität und der daraus resultierenden Misslichkeit seiner Lage durchaus bewusst. Was er daher in erster Linie braucht, ist das Gefühl, dass Sie die Konstellationen im Büro akzeptieren, vielleicht sogar gutheißen können. Sollte er merken, dass Sie in irgendeiner Form gegen ihn oder seine Lieblinge agieren oder eifersüchtig sind, wird das mit großer Wahrscheinlichkeit immer gegen Sie laufen, denn die emotionale Beziehung zum Mitarbeiter gewinnt immer. Sie können hier also nur kooperieren oder ganz aussteigen, aber ganz aussteigen wollten Sie sich ja aufsparen für später, wenn gar nichts anderes mehr geht.

Das Kooperieren kann dabei so aussehen, dass Sie seine Lieblinge für konkrete Verhaltensweisen loben, und damit meine ich nicht, Lob zu heucheln, sondern dann zu loben, wenn Sie wirklich etwas Positives sehen. Damit signalisieren

Sie Ihrem Vorgesetzten, dass Sie die geliebte Person auch schätzen oder zumindest nicht ablehnen. Das baut Vertrauen auf und signalisiert Ihrem Chef Loyalität.

Auch empfiehlt es sich, mit seinen Lieblingen ein gutes Verhältnis aufzubauen. Sie müssen nicht gleich die besten Freunde werden, aber wenn Sie seine Lieblinge meiden oder sogar schlecht über sie reden, verbauen Sie sich seine Unterstützung. Dafür ist die Beziehung eben zu emotional.

Auch Ihre eigenen guten Leistungen oder Erfolge können Sie gerne ganz beiläufig gegenüber den Lieblingskollegen fallen lassen. Das kostet sicher etwas Kraft und erscheint Ihnen vielleicht unnötig, aber es ist nicht zu unterschätzen, dass bei Gesprächen im privaten Umfeld oder beim Pillow-Talk Ihr Name dann im positiven Sinne fällt. Das ist gut für die Karriere und sorgt dafür, dass Ihr Chef Sie in den zumindest erweiterten Kreis seiner Lieblinge integrieren könnte bzw. nicht außen vor lässt. Und das private Geklüngel gibt es sowieso – ob Sie es mögen oder nicht –, daher nutzen Sie es doch lieber und werden Sie Teil seiner Lieblingskollegen.

Verstehen Sie außerdem seine Motivation für das private Gemauschel und lesen Sie im entsprechenden Kapitel des Sub-Typen Ihres Chefs nach, welche Verhaltensweisen dort empfohlen werden.

> Worte und Sätze, die er sicher gerne aus Ihrem Mund hört und die Sie bewusst verwenden können, sind:
> - „Toll, wie die Kollegin XY diese Situation gelöst hat."
> - „Ich schätze den Kollegen YZ für seine konstruktive Art."

> Worte und Sätze, die Sie vermeiden sollten, sind:
> - „Ich finde es nicht fair, dass du XY bevorzugst."
> - „YZ kann ja eh machen, was sie will."
> - sämtliche nonverbalen Kommentare zu den Lieblings-mitarbeitern in Form von Augenrollen, Seufzen etc.

Sie müssen nicht lügen oder sich verbiegen, lediglich den Fokus auf das richten, was Ihnen an den Lieblingsmitarbeitern gefällt. Selbstverständlich können Sie den Missstand auch an die nächsthöhere Ebene eskalieren. Sehr häufig hat der Chef jedoch ein sehr gutes Standing und pflegt nach oben genauso gute private Beziehungen. Und dann gilt: „If you can't beat him, join him."

Wie kann ich mich ihm gegenüber anders aufstellen?

Zunächst: Akzeptieren Sie, dass die Dinge so sind, wie sie sind, oder gehen Sie aktiv auf der nächsthöheren Hierarchie-ebene dagegen vor. Letzteres führt wegen der guten Ver-drahtung des Chefs allerdings selten zum Erfolg. Akzeptieren Sie lieber, dass Sie dieser Situation nun einmal (vielleicht auch nur vorübergehend) ausgesetzt sind. Fragen Sie sich: Wie kann ich diese Situation nutzen? Was kann ich für mich dar-aus lernen? Was kann ich im Umgang mit Menschen lernen?

Regen Sie sich nicht über so viel Unprofessionalität und Un-gerechtigkeit auf. Denn dieses Aufregen kostet Sie Kraft und Energie und führt zu nichts. Sie können die privaten Mau-scheleien nicht ändern. Richten Sie Ihren Fokus lieber auf das, was Ihnen an den Lieblingen des Chefs gefällt, und nicht auf deren Inkompetenzen. Dies ist der erste Schritt dazu, dass Sie die Lieblingsmitarbeiter lobend erwähnen können, ohne sich zu verbiegen. Wenn Sie so gar nichts Positives finden, fragen Sie sich, ob der Lieblingsmitarbeiter des Chefs wirklich so inkompetent ist oder ob Sie einfach nur neidisch sind. Im ersten Fall können Sie wiederum nur akzeptieren, dass der Mitarbeiter wegen der emotionalen Bindung trotzdem bevorzugt wird. Richten Sie dann Ihren Fokus und Ihre Energie darauf, wie Sie am besten mit dem Mitarbeiter umgehen können. Sie haben hier keine andere Wahl.

In letzterem Fall, wenn Ihr Neid sich zu erkennen gibt, nutzen Sie die Kraft Ihres Neids. Neidisch sind wir immer nur, wenn wir etwas von anderen lernen können. Fragen Sie sich, was Sie vom Lieblingsmitarbeiter des Chefs lernen können. Das ist ein guter Trick gegenüber allen Zeitgenossen, die wir nicht so gerne mögen. Die Frage, was haben sie, was ich nicht habe, zwingt uns zu einer neutraleren Sichtweise gegenüber dem anderen und hält gleichzeitig ein Element für unsere persönliche Weiterentwicklung parat.

Ihr Fokus sollte also darauf liegen, mit den Lieblingen des Chefs Frieden zu schließen, denn das ist schon mehr als die halbe Miete. Was den Chef selbst angeht, so lesen Sie bei der Ausprägung eines Sub-Typs im entsprechenden Kapitel nach, denn in diesem Kapitel geht es nur um die rein emotionale Seite. So können Sie ein wenig Mitgefühl für seine Not haben oder sogar bewusst ein Verhalten zeigen, das ihm guttut. Dann gehören Sie auch bald in den erweiterten Kreis seiner Lieblinge.

Betrachten Sie dieses so unprofessionelle Szenario als Möglichkeit für sich, zu wachsen und zu lernen. Nicht jeder hat die Gelegenheit, so etwas zu erleben. Es kann sogar sehr spannend sein, weil vieles so gar nicht business-like, sondern sehr emotional abläuft.

Schauen Sie unbedingt auch hin, ob das Verhalten des Chefs bei Ihnen eine emotionale Verletzung wachruft, z.B. Kind zweiter Wahl, Mobbing in der Schule, ungerechte Behandlung, eine Trennung etc. Schließen Sie mit diesen alten Verletzungen Ihren Frieden, auch wenn es Ihnen schwerfällt. Aus meiner Coaching-Praxis weiß ich, dass es selbst bei schwerwiegenden Verletzungen Möglichkeiten gibt, diese emotional zu verarbeiten.

Auf den Punkt gebracht

Akzeptieren oder eskalieren Sie die emotionale Verstrickung. Wenn Sie sie akzeptieren, betrachten Sie diese als Lernerfahrung und sorgen Sie für ein gutes Verhältnis zum Chef und besonders zu dessen Lieblingen. Hüten Sie sich vor Kritik und Ablehnung. So haben Sie eine Chance, das Vertrauen des Chefs zu gewinnen, Ihre einzige Überlebenschance. Überlegen Sie, was Sie aus der Situation lernen können.

Typ 10: Der Inkompetente mit dem Ich-räume-meinen-Platz-nicht-Gen

Während bei allen anderen Chef-Typen durchaus bei differenziertem Betrachten positive Eigenschaften zu finden waren, fragen sich beim Inkompetenten die Mitarbeiter oft, wie er den Weg in den Chefsessel geschafft hat, an dem er nahezu festklebt. Der Inkompetente hat nicht nur wenig bis kaum Fachwissen, er verfügt auch nicht über ausgeprägte Führungsqualitäten. Auch er ist oft nicht als Reinform zu finden, sondern maskiert seine Inkompetenz als Checker oder Aussitzer oder emotional Verstrickter. Gegebenenfalls sollten Sie bei diesen Chef-Typen auch noch einmal nachlesen.

Fehler gibt er niemals zu, stattdessen schiebt er seinen Mitarbeitern oder anderen Bereichen die Schuld für nicht Funktionierendes in die Schuhe. Nach oben sorgt er stets dafür, dass alles perfekt aussieht. Oft wird er von dort stark protegiert. Er ähnelt in dieser Hinsicht stark dem Opportunisten, allerdings hat der Opportunist meist eine gute Fachkompetenz. Der Inkompetente hat diese nicht und feiert daher kleine Erfolge übermäßig und kehrt Probleme unter den Tisch bzw. auf andere Tische. Gleichzeitig hält er seine Mitarbeiter klein und bewusst ein wenig unwissend, damit sie nicht an seinem Stuhl sägen können.

Erik Werner leitet den Logistikbereich eines mittelständischen Unternehmens. Seit einiger Zeit kommt es immer wieder zu Engpässen bei einem strategisch sehr wichtigen Produkt, für das in der Logistik Marie Clement verantwortlich ist. Da die Engpässe bei ihrem Produkt aber durch Abhängigkeiten von anderen Produkten ausgelöst werden, bittet Marie Erik Werner, zu dem anstehenden Krisenmeeting mitzugehen: „Erik, wir haben das ja vereinbart, dass du in solchen Fällen mitkommst." Erik Werner lehnt Maries Bitte ab: „Haben wir das? Der Engpass liegt bei deinem Produkt, geh mal alleine hin, das bekommst du schon geregelt." Mit einem Schmunzeln fügt er hinzu: „Da haust du mal auf den Tisch, und wenn es etwas zu entscheiden gibt, entscheidest du es eben." Marie versucht zu erklären, dass damit das Problem nur auf andere Produkte verlagert würde, und sie beschwert sich, dass Erik seine eigene Entscheidung, in solchen Fällen mitzukommen, über den Haufen geworfen hat, ohne Erfolg. Sie geht also alleine in das Meeting und sorgt dafür, dass zwei andere Produkte depriorisiert werden, woraufhin zwei Wochen später natürlich bei diesen Produkten ein Engpass entsteht. Erik Werner zitiert Marie zu sich: „Marie, das war nicht der Gedanke, das Problem auf andere Produkte zu verlagern." Marie denkt, sie ist im falschen Film. Genau das hatte sie ihm gesagt. „Und was war dann der Gedanke?", fragt sie schnippisch. „Das frage ich dich", antwortet Erik. Marie bittet ihn erneut, das Thema auf seiner übergeordneten Ebene zu lösen, da immer mehrere Bereiche von dem Engpass betroffen seien. Erik Werner lehnt wiederum ab. Marie solle mit Klaus Leinter und Andrea Schneider reden, welche die beiden anderen Produkte logistisch verantworten. Er sei sich sicher, sie würden eine Lösung finden. Marie, Klaus und Andrea beginnen, Bearbeitungszeiten hin und her zu schieben, und gelangen erneut zu der offensichtlichen Erkenntnis, dass ohne eine zusätzliche Schicht in der Logistik der Engpass nicht zu beheben ist. Die Entscheidung darüber muss Erik Werner treffen. Sie schlagen es ihm gemeinsam vor und kritisieren seine Fehlentscheidung, Marie allein für ihr Produkt kämpfen zu lassen. Mit dem Satz: „Das schiebt ihr mir in die Schuhe. Macht ihr mal eure Hausaufgaben. Es muss doch möglich sein, drei Produkte zu koordinieren" weist er die Kritik ab und schickt die Mitarbeiter wieder weg. Danach geht er zu seinem Chef und verkündet stolz, dass das strategisch wichtige Produkt seit einer Woche wieder lieferbar sei. Die weiteren logistischen Engpässe, die er offensichtlich nicht komplett versteht und auch nicht lösen kann, lässt er unter den Tisch fallen.

Was oft dahintersteckt

Im Gegensatz zum Checker, der wenigstens einen Teilbe-
reich seiner Aufgabe versteht und diesen gut kennt, ist der
Inkompetente oft eine komplette Fehlbesetzung. Er ist mit
seiner Aufgabe auf ganzer Linie überfordert und hat inhaltlich weder den Überblick über seinen Bereich noch über
die Konsequenzen seiner Handlungen und Entscheidungen.

Er ist sich seiner fehlenden Kompetenzen durchaus bewusst.
Innerlich befindet er sich dadurch in einem Dauerstress. Nach
oben soll immer alles gut aussehen. Daher feiert er jeden
noch so kleinen Erfolg gegenüber dem eigenen Chef. Nach
unten sorgt er dafür, dass er inhaltlich sehr fähige Mitarbeiter
hat, die ihren Job verstehen. Da diese klugen Mitarbeiter ihn
jedoch seiner Unfähigkeit überführen könnten, gibt er ihnen
ständig das Gefühl, ihren Job nicht gut genug zu machen,
bis hin zu Schuldgefühlen für nicht erreichte Ergebnisse.
Jedem Mitarbeiter ist klar, dass das Problem eindeutig beim
Vorgesetzten liegt. Aber dieser hat gelernt, ihnen notorisch
ein schlechtes Gefühl zu geben. Wenn das nicht funktioniert,
spielt er die Mitarbeiter gegeneinander aus. In vielen Fällen
dauert es eine Weile, bis die Mitarbeiter seinem perfiden
Spiel auf die Schliche kommen, und sie laufen ins offene
Messer. Anders als beim Opportunisten, der ganz klar das
Ziel verfolgt, nach oben zu kommen, geht es beim Inkompetenten mehr darum, nicht aufzufallen und die Situation einfach nur stabil zu halten. In der Hinsicht ist er genügsamer.

Oft geht der Inkompetente so weit, gute Mitarbeiter aus-
zutauschen, sobald sie beginnen, Themen nach oben zu
berichten oder einfach nur ungemütlich zu werden. Im Gegensatz zum Opportunisten hat er nämlich an dieser Stelle

nichts dagegenzusetzen. Da er nach oben alles nach heiler Welt aussehen lässt, bekommt er von seinem Chef dafür sogar die Rückendeckung. Im Gegensatz zu den partiellen Ablenkungsmanövern des Checkers ist das Dasein des In-kompetenten ein pures Dauer-Ablenkungsmanöver mit nur einem Ziel: Fehler, geballte Inkompetenz und Führungsun-fähigkeit zu vertuschen.

Häufige Glaubenssätze dieses Chef-Typs sind:

- „Hoffentlich halten meine Mitarbeiter die Füße still."

- „Ich bin dem überhaupt nicht gewachsen."

- „Hoffentlich merkt es da oben keiner."

- „Hoffentlich fliege ich nicht auf."

- „Ich muss beweisen, dass ich es kann."

Seine aus diesen Glaubenssätzen resultierenden Emotionen sind oft Angst und Panik, auch wenn es für die Mitarbeiter so aussieht, als wüsste er noch nicht mal um seine Defizite. Er beißt einfach nur wild um sich, um diese Angst zu vertuschen.

Ist Ihr Chef wirklich fachlich und sozial inkompetent oder, wie andere Chef-Typen, nur in einzelnen Bereichen? Wie ist er in seinen Job gekommen? Nur durch gute Beziehungen? Für wie hoch halten Sie Ihre Chancen, ihn seiner Inkompe-tenz zu überführen?

Warum reagiere ich so empfindlich auf diesen Typ Chef?

Der Inkompetente löst in vielen Mitarbeitern ein Gefühl von Ohnmacht und Ausgeliefertsein aus. Irgendwie hat er es an einem vorbei nach oben geschafft, dabei könnte man selbst den Job viel besser. Auch Neid spielt hier eine große Rolle. Von oben wird er stark geschützt. Oft empfinden wir dies einfach nur als ungerecht. Und aus Ohnmacht und dem Gefühl, ungerecht behandelt zu werden, entsteht manchmal eine unbändige Wut.

Wenn Professionalität und Kompetenz für Sie einen hohen Wert haben, was wahrscheinlich ist, denn der Inkompetente braucht ja kompetente Mitarbeiter, damit es überhaupt vorangeht, fühlen Sie sich in diesen für Sie so wichtigen Werten verletzt. Es geht hier nicht wie beim Checker um ein Ausgebremstsein in einzelnen Bereichen, sondern um eine tiefer greifende dauerhafte Werteverletzung.

Wenn Sie sich selbst immer wieder infrage stellen oder schuldig fühlen, trifft der Inkompetente mit seinem perfiden Spiel natürlich Ihren wunden Punkt. Schuldgefühle zu vermitteln ist für ihn ein einfaches Spiel.

> Welchen Ihrer Werte und Überzeugungen verletzt der Inkompetente? Verursacht er bei Ihnen Schuldgefühle oder löst er einfach nur Ausgeliefertsein, Ohnmacht und Wut aus? Sein Verhalten wirkt oft besonders perfide, trotzdem ist es wichtig, seine Emotionen wertfrei wahrzunehmen.

Was Sie ihm geben sollten

Ich halte den Inkompetenten für den grenzwertigsten Chef-Typ, bei dem ein Mitarbeiter zunächst die grundsätzliche

Entscheidung treffen sollte, ob er kooperieren oder an seinem Stuhl sägen will. Bei allen anderen Chef-Typen gibt es einzelne Felder, wo der Mitarbeiter als Korrektiv wirken, sich anders aufstellen und somit ein besseres Miteinander erreichen kann. Beim Inkompetenten haben wir einen Fehlschlag auf ganzer Linie vor uns, der seinen Aufgaben in keinster Weise gewachsen ist.

Treffen Sie also zunächst die bewusste Entscheidung: kooperieren oder killen? Wenn Sie sich für Letzteres entscheiden, fragen Sie sich, wie wahrscheinlich es ist, diese Person abzusägen. Wie stark wird er von oben protegiert?

Wenn Sie sich für den Kampf entscheiden, besteht Ihre Aufgabe darin, an Ihrem Chef vorbei Ihre Erfolge und Führungsqualitäten nach oben zu verkaufen. Dies geht recht gut auf informellem Weg. Zeigen Sie, was Sie erreicht haben, sprechen Sie über Ihre Visionen und Vorstellungen des vom Inkompetenten geleiteten Bereichs, platzieren Sie Ihre Ideen. So bringen Sie sich für die Aufgabe ins Gespräch, ohne offensichtlich am Stuhl des Inkompetenten sägen zu müssen. Sorgen Sie kontinuierlich für diesen Informationsfluss, dann höhlt der stete Tropfen möglicherweise den Stein. Alternativ können Sie natürlich auch Situationen nach oben eskalieren, in denen der Inkompetente ein Fehlverhalten an den Tag gelegt hat. Wird er jedoch von oben stark beschützt, ist mit dieser Methode eher vorsichtig umzugehen.

Wenn Sie sich für das Kooperieren entscheiden oder wenn Sie qua Position gar nicht für die Führungsaufgabe infrage kommen, geht es hauptsächlich darum, die Ihrem Vorgesetzten fehlende Vogelperspektive einzunehmen und aus dieser zu argumentieren. Statt ihm zu sagen, was er tun soll bzw. was Sie von ihm brauchen, empfiehlt es sich, von „wir" zu sprechen und bei Ihrer Argumentation seine Rolle einzunehmen. Im Grunde genommen denken Sie für ihn. Erklären Sie ihm sämtliche Optionen sowie die komplette Tragweite seiner Entscheidungen etc. Dies gibt ihm Sicherheit und er kann daraus lernen. Jetzt fragen Sie sich bestimmt, warum Sie denn seinen Job machen sollen, schließlich wird er dafür bezahlt. Und genau das ist die Grundsatzfrage. Es gibt hier leider keine Alternative. Sie können ihm durch das Einnehmen seiner Perspektive nur helfen, in seine Rolle hineinzuwachsen.

Dies beinhaltet auch, dass Sie ihn nach oben gut oder zumindest neutral dastehen lassen. Denn hier liegt seine zweite Baustelle, nämlich nach oben nicht aufzufliegen. Sie können ihn dabei unterstützen und so sein Vertrauen gewinnen. Sie zeigen damit maximale Loyalität und er wird mehr und mehr auf Ihre Empfehlungen hören. Davon profitieren Sie am Ende natürlich, denn er wird den Mut haben, Entscheidungen zu treffen, notwendige Schritte einzuleiten, da Sie sich mit ihm minutiös über sämtliche Implikationen auseinandergesetzt haben. Klar übernehmen Sie damit einen Teil seiner Aufgaben, Sie gewinnen aber gleichzeitig sein uneingeschränktes Vertrauen.

Argumentieren Sie immer mit einem emotionalen Nutzen für den Inkompetenten. Wenn Sie etwas von ihm brauchen, machen Sie ihm klar, was er davon hat. Dieser emotionale Nutzen sollte auf seine Schwachstellen und Ängste abzielen, nämlich dass er nach oben gut dasteht oder dass sein Bereich gut dasteht oder dass er damit Kompetenz zeigen kann.

Ertappen Sie Ihren Chef dabei, wenn er Gutes tut, sprich: wenn er Dinge vorantreibt oder eine Entscheidung trifft oder einen Sachverhalt offensichtlich versteht, dann freuen Sie sich mit ihm und loben Sie ihn dafür. Positives Feedback schafft Vertrauen, auch wenn Sie glauben, intensiv nach diesen positiven Dingen suchen zu müssen.

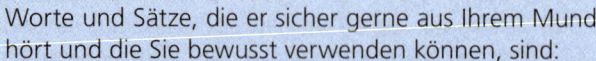

Worte und Sätze, die er sicher gerne aus Ihrem Mund hört und die Sie bewusst verwenden können, sind:
- „Wenn wir das so machen, haben wir als Bereich folgenden positiven Effekt …"
- „Wir stehen besonders gut da, wenn wir …"
- „Damit würden wir eine große Kompetenz zeigen."

Worte und Sätze, die Sie vermeiden sollten, sind:
- „Ich brauche von dir …"
- „Du musst mal bitte …"
- „Mach es doch so …"

Die Kooperation mit diesem Chef-Typ erfordert viel Geduld und Bereitschaft, in den Hintergrund zu treten, obwohl Sie wissen, dass Sie Ihrem Vorgesetzten haushoch überlegen sind. Reflektieren Sie daher gut, ob Sie das wirklich wollen, und überprüfen Sie Ihre Entscheidung in regelmäßigen Abständen. Möglicherweise bringt Ihre Kooperation Sie vorwärts, weil Ihr Chef es zu schätzen weiß und sich für Ihre Karriere außerhalb seines Bereichs einsetzt oder weil Ihre Kompetenzen auch von anderen wahrgenommen werden, deren Aufmerksamkeit Sie dann gewinnen. Es ist aber auch möglich, dass Sie ewig im Hintergrund agieren.

Wie kann ich mich ihm gegenüber anders aufstellen?

Akzeptieren Sie zunächst, dass bei diesem Chef-Typ nicht viel auszurichten ist und Sie eine bewusste Entscheidung treffen müssen, ob Sie den Versuch einer Kooperation starten wollen oder nicht.

Wenn Sie sich für die Kooperation entscheiden, dann betrachten Sie diese als Lernerfahrung. Sie nehmen die große Herausforderung an, sich in eine Führungsrolle hineinzudenken. Das kann Sie gut auf eine spätere Führungsposition vorbereiten, wenn Sie zunächst quasi aus der zweiten Reihe in dieser Rolle agieren. Es kann sinnvoll sein, dies als zeitlich befristetes geschütztes Lernen zu sehen.

Möglicherweise haben Sie auch keine andere Wahl, weil Sie selbst nicht qualifiziert sind für die Aufgabe des Chefs oder weil es momentan keine anderen Jobs im Unternehmen gibt. Trösten Sie sich damit, dass Ihr Chef im Prinzip sehr hilflos und ohnmächtig ist und Sie ihm zumindest dabei helfen, gut dazustehen oder sich ein wenig besser zu fühlen. Freuen Sie sich darüber, dass Sie Dinge können, die er nicht kann. Nicht immer muss die passende Entlohnung oder eine höhere Position ein Anreiz sein, manchmal kann man sich zumindest für einen gewissen Zeitraum einfach auch daran erfreuen, mehr zu wissen oder mehr wahrzunehmen als der andere.

Außerdem fördert das Schlüpfen in fremde Rollen und Aufgaben die eigene geistige Flexibilität und Anpassungsfähigkeit. Sie können lernen, wann es an der Zeit ist, sich abzugrenzen. Denn mit diesem Vorgesetzten werden Sie ganz sicher merken, ob Sie sich zu sehr verbiegen müssen oder gelassen über den Dingen stehen können, und ihre Felder identifizieren, in denen Sie Spaß haben können.

Führen Sie sich immer wieder vor Augen, wo Sie Ihre Kompetenzen haben, statt seine Vorwürfe als Ihre Schwachstellen zu sehen. Er wird immer wieder versuchen, Ihnen die Schuld in die Schuhe zu schieben. Sie können hier kreativ probieren, wie Sie sich gegen solche Angriffe aufstellen. Das kann an vielen anderen Stellen im Leben auch sehr hilfreich sein. Und wenn Sie merken, dass er Sie ins Zweifeln bringt, ist es an der Zeit, Ihre Selbstzweifel bewusst auszuräumen, sich vor Augen zu führen, wo Sie überall gut sind, wo Sie vielleicht sogar besser geworden sind im Vergleich zu früher. Vergleichen Sie sich dabei immer mit sich selbst vor ein paar Wochen oder Monaten. Der Vergleich mit dem Chef bringt oft nur schlechte Laune, da Sie ja so offensichtlich kompetenter sind. Und der Vergleich hilft Ihnen, sich gut zu fühlen. Wenn Sie nämlich Anerkennung von außen gegen Anerkennung von innen tauschen, wissen Sie, dass Sie vieles gut und richtig machen, auch wenn das keiner sieht. Das kann sehr befreiend sein.

Auf den Punkt gebracht

Treffen Sie eine bewusste Entscheidung für oder gegen diesen Chef-Typ und akzeptieren Sie die Limitationen Ihrer Entscheidung. Betrachten Sie den Vorgesetzten als temporären Lehrer, um Ihre eigenen Führungs- oder zwischenmenschlichen Kompetenzen auszubauen oder sich in Resilienz und Gelassenheit zu üben.

Ausblick

Betrachten Sie die vorgeschlagenen Verhaltensweisen als Angebot an Möglichkeiten. Experimentieren Sie mit dem, was zu Ihnen passt. Wenn Sie das Gefühl haben, sich zu sehr zu verbiegen, probieren Sie eine andere Verhaltensweise oder stellen Sie sich innerlich noch einmal neu auf. Das eigene Verhalten nach außen und die innere Haltung spielen immer zusammen. Sie können hier an vielen Stellschrauben drehen, bevor Sie die Flinte ins Korn werfen und ganz aufgeben. Ganz aufgeben ist für mich immer erst die letzte Lösung, denn in der Zwischenzeit können Sie für sich mit Leichtigkeit an Herausforderungen wachsen.

Flucht ist oft nicht die beste Möglichkeit. Was auch immer Sie in diesem Kontext lernen und üben, können Sie lebenslänglich gebrauchen. Stellen Sie sich nur vor, Sie können durch Ihr Üben ab sofort jeden Stinkstiefel an sich abprallen lassen, wenn Sie nur wollen. Was für ein Gewinn an Lebensqualität! Egal ob der Raser hinter Ihnen auf der Autobahn, der unfreundliche Nachbar, der chaotische Partner, der verstockte Bruder oder die entscheidungsschwache Schwester … Sie können das Problem der Person erkennen und gezielt damit umgehen, ohne es persönlich zu nehmen. Und das alles nur dank des täglichen Trainings mit Ihrem Vorgesetzten. Wie schade, wenn Sie das nicht nutzen würden.

Vor allem nützt Aufregen über den Vorgesetzten gar nichts, denn a) ändert er sich nicht und b) sollten Sie sich vor Augen führen, dass Studien belegen, dass fünf Minuten Wut am Tag das Immunsystem für mehr als sechs Stunden schwächen. Den Triumph über Ihre Gesundheit wollen Sie Ihrem Chef doch wohl nicht zugestehen, oder?

Experimentieren Sie und lernen Sie und entwickeln Sie vor allem Spaß daran. Bleiben Sie sich dabei selbst treu und distanzieren Sie sich vom Geschehen. Sie wissen ja: Es geht nicht persönlich gegen Sie, der andere handelt für sich. Ein Coach kann Ihnen hervorragend helfen, sich innerlich anders aufzustellen, und er unterstützt Sie beim Wachsen.

Erst wenn Sie nach vielen Versuchen nicht das gewünschte Ergebnis erreichen oder wenn Sie sich in Ihren Werten zu sehr verletzt fühlen, kann eine Kündigung oder Versetzung in einen anderen Bereich der letzte notwendige Schritt sein. Auch wenn Sie beginnen, gesundheitlich zu leiden, bleiben Sie achtsam.

Bis dahin liegt ein spannender Weg vor Ihnen, auf dem Sie Ihrem Arbeitsalltag und Ihrem Vorgesetzten täglich durch Ihr eigenes Verhalten neue Facetten geben können. Das ist eine Chance, die Sie sich nicht entgehen lassen sollten. Sie könnten sogar um einiges wissender werden als Ihr Chef. Und falls Sie selbst mal Chef werden oder bereits sind, sind Sie gewappnet. Sie können jetzt die Quote der guten Vorgesetzten (und die gibt es natürlich auch) endlich einmal steigern.

Ich wünsche Ihnen viel Spaß und Erfolg beim Experimentieren und maximales Wachstum. Führen Sie sich selbst, lösen Sie Ihre wunden Punkte auf, dann können Sie auch Ihren Chef führen. Im besten Fall wachsen Sie dadurch gemeinsam. Was für eine Chance!

Über die Autorin

Katrin Seifarth blickt nach ihrem internationalen BWL-Studium auf über 20 Jahre Erfahrung in leitenden Managementfunktionen und als Business- und Lifecoach zurück. Bei ihrer Trainings- und Coaching-Tätigkeit profitiert die mehrfache Autorin von ihrer langjährigen eigenen Berufserfahrung sowie von ihren Einblicken als Trainer in verschiedenste Branchen und Unternehmensformen. Sie ist systemisch-konstruktivistischer Coach, zertifizierter NLP-Master (Zertifikat Richard Bandler) und Wingwave®-Coach.

In ihren Trainings, Coachings und Workshop-Moderationen legt sie Wert auf schnelle und nachhaltige Ergebnisse, bei denen sich die Teilnehmer vor allem selbst treu bleiben können, statt für sie unpassendes Verhalten anzutrainieren. Durch ihre diversen Coaching-Ausbildungen gelingt es ihr, unbewusste Denk- und Verhaltensmuster sowie Stärken beim Einzelnen und in Teams bewusst zu machen und Potenziale gezielt zu heben. Sie ist überzeugt: „Erfolg kann erst entstehen, wenn Sie Erfolgsbremsen und hinderliche Überzeugungen bei sich auflösen und bei anderen erkennen und wertschätzend damit umgehen. Denn dann – und nur dann – kann jeder Einzelne und jedes Team fast wie auf Autopilot laufen."

Impressum:
Verlag C.H.Beck im Internet: www.beck.de
ISBN: 978-3-406-72716-0
© 2018 Verlag C. H. Beck oHG
Wilhelmstraße 9, 80801 München
Satz: Fotosatz Buck, Kumhausen
Druck und Bindung: Beltz Bad Langensalza GmbH
Am Fliegerhorst 8, 99947 Bad Langensalza
Umschlaggestaltung. Ralph Zimmermann – Bureau Parapluie
Umschlagbild: © Ljupco, © binik (beide istockphoto.com, modifiziert)
Gedruckt auf säurefreiem, alterungsbeständigem Papier
(hergestellt aus chlorfrei gebleichtem Zellstoff)